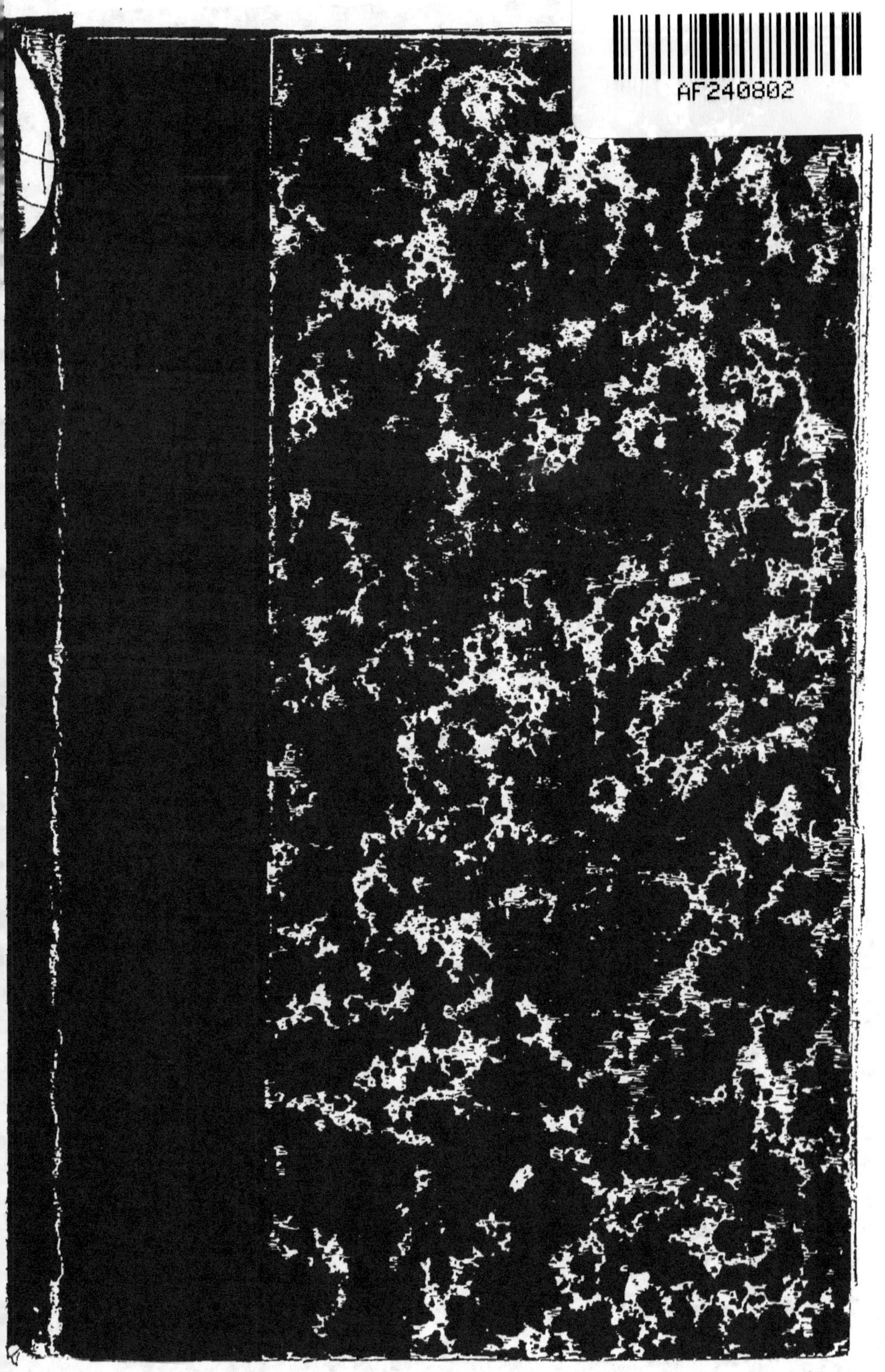

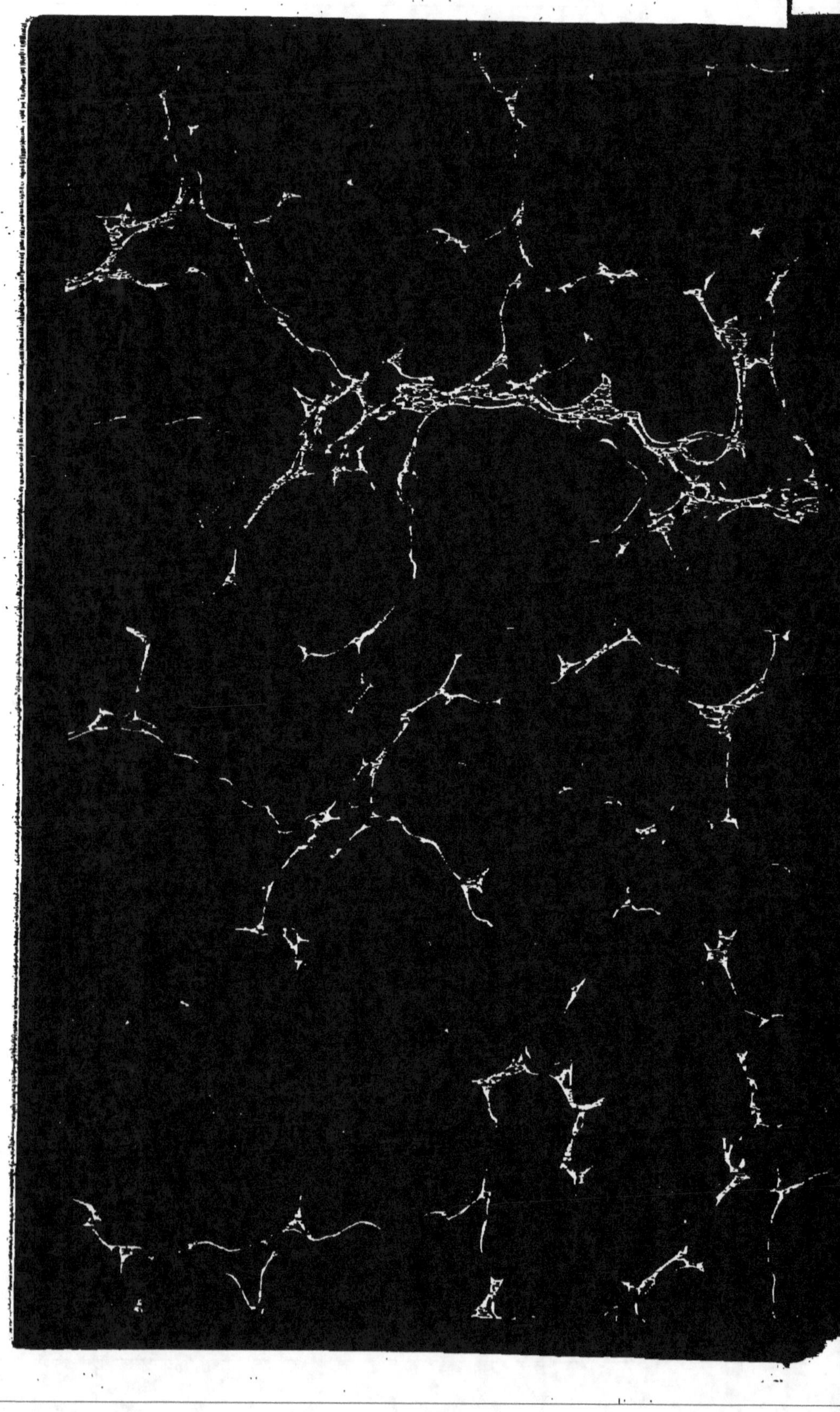

LES ANIMAUX ET LES VÉGÉTAUX

LUMINEUX

PAR

Henri GADEAU de KERVILLE

Avec 49 figures intercalées dans le texte

PARIS

LIBRAIRIE J.-B. BAILLIÈRE et FILS

Rue Hautefeuille, 19, près du Boulevard Saint-Germain

1890

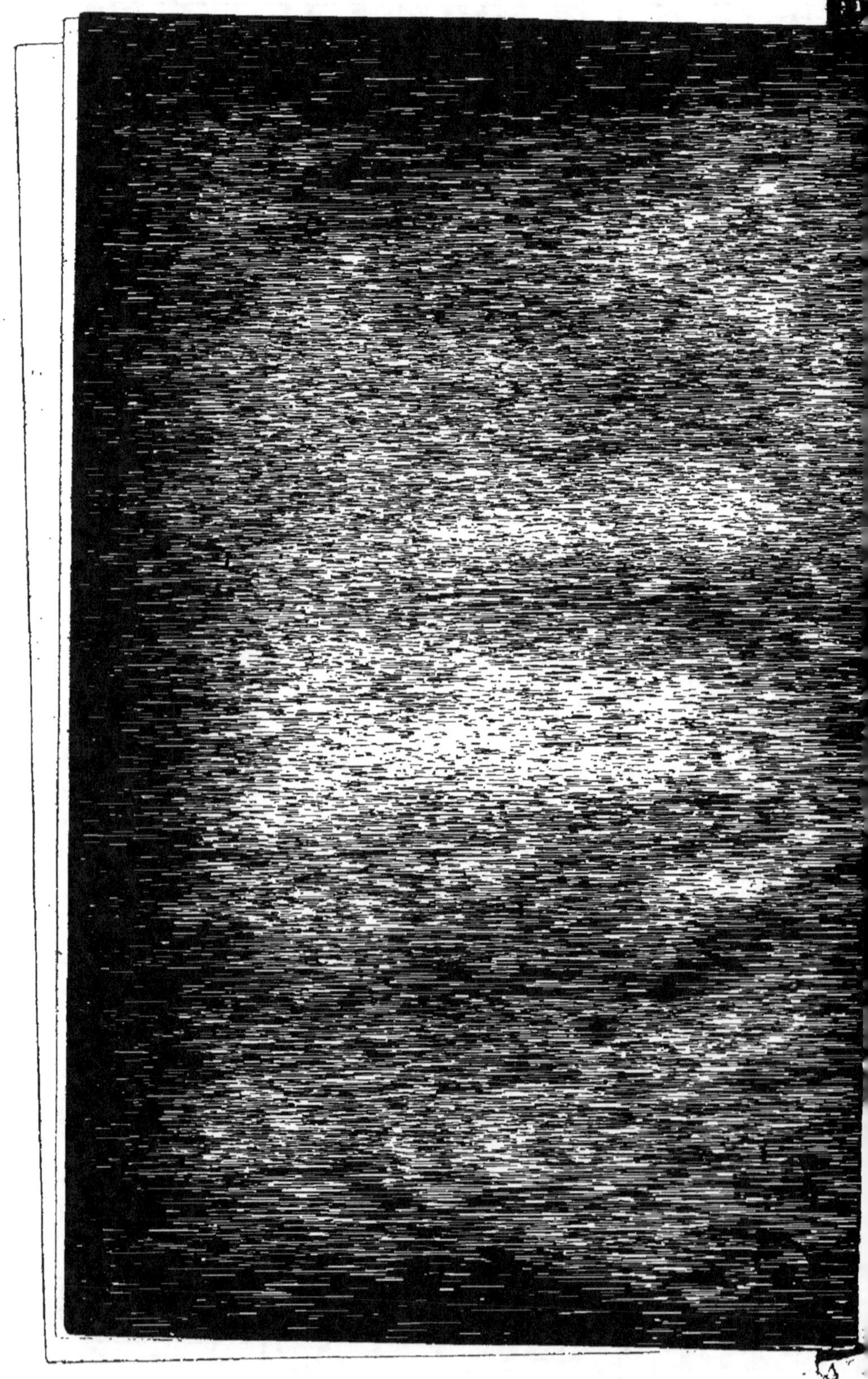

LES ANIMAUX ET LES VÉGÉTAUX LUMINEUX

PRINCIPAUX TRAVAUX DU MÊME AUTEUR.

Causeries sur le Transformisme. Paris, C. Reinwald, 1887.

Les Insectes phosphorescents, avec quatre pl. chromolithographiées. Rouen, Léon Deshays, 1881.

Les Insectes phosphorescents. Notes complémentaires et Bibliographie générale (Anatomie, Physiologie et Biologie). Rouen, Julien Lecerf, 1887.

Aperçu de la Faune actuelle de la Seine et de son embouchure, depuis Rouen jusqu'au Havre, in 2ᵉ vol. de *L'Estuaire de la Seine,* par G. Lennier. Le Havre, imprim. du journal *Le Havre* (E. Hustin), 1885.

La Faune de l'Estuaire de la Seine, in Annuaire des cinq départem. de la Normandie (Annuaire normand); Congrès de Honfleur en 1886.

Mélanges entomologiques, 3 memoires, in Bull. de la Soc. des Amis des Scienc. natur. de Rouen, 1ᵉʳ sem. 1883, 2ᵉ sem. 1883, et 2ᵉ sem. 1884.

Faune de la Normandie, I, Mammifères, avec une pl. en noir, in Bull. de la même Soc., 2ᵉ sem. 1887.

Les Myriopodes de la Normandie (1ʳᵉ Liste), suivie de diagnoses d'Espèces et de Variétés nouvelles, par le Dʳ Robert Latzel, avec une pl. lithographiée, in Bull. de la même Soc., 2ᵉ sem. 1883.

Les Myriopodes de la Normandie (2ᵉ Liste), suivie de diagnoses d'Espèces et de Variétés nouvelles (de France, Algérie et Tunisie), par le Dʳ Robert Latzel, in Bull. de la même Soc., 2ᵉ sem. 1885.

Addenda à la Faune des Myriopodes de la Normandie, in Bull. de la même Soc., 1ᵉʳ sem. 1887.

Les Crustacés de la Normandie. Espèces fluviales, stagnales et terrestres (1ʳᵉ Liste), in Bull. de la même Soc., 1ᵉʳ sem. 1888.

Note sur les Crustacés Schizopodes de l'Estuaire de la Seine, suivie de la description d'une Espèce nouvelle de Mysis (Mysis Kervillei G.-O. Sars), par G.-O. Sars, avec une pl. gravée, in Bull. de la même Soc., 1ᵉʳ sem. 1885.

Etc.

LES ANIMAUX ET LES VÉGÉTAUX

LUMINEUX

PAR

Henri GADEAU de KERVILLE

Avec 49 figures intercalées dans le texte

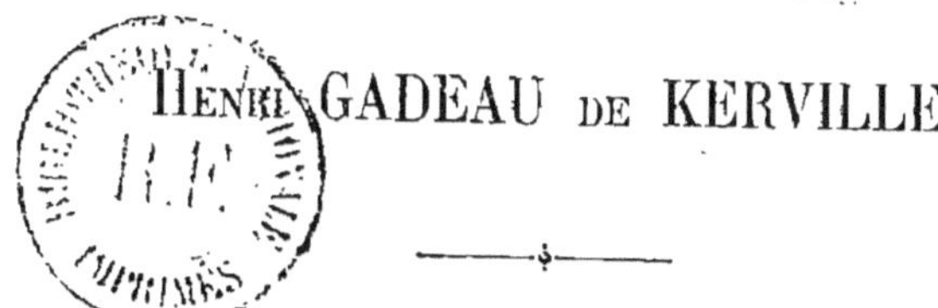

PARIS

LIBRAIRIE J.-B. BAILLIÈRE et FILS

Rue Hautefeuille, 19, près du boulevard Saint-Germain

1890

ROUEN. — IMPRIMERIE JULIEN LECERF.

PRÉFACE

Les animaux et les végétaux lumineux furent
le sujet d'un nombre considérable de mémoires
et de notes; aussi, voulant être le plus minutieu-
sement exact que possible, ai-je dû consacrer
un temps très-long à la rédaction de ce modeste
ouvrage de vulgarisation. Je ne regretterai ni
mon temps, ni ma peine, si ce livre peut donner
une idée suffisamment complète de ce sujet à
quelques lecteurs non désireux de l'approfondir.
Je n'ai pas l'immodestie de croire que je suis
arrivé à ce résultat, mais j'ai la conscience
d'avoir tout fait pour l'atteindre.

Les animaux producteurs de lumière étant
infiniment plus nombreux que les végétaux
doués de ce pouvoir, j'aurais commencé par
les premiers, si je n'avais souvent à parler
d'Algues photogènes (Bactériacées) dans l'é-
tude des animaux lumineux; cette interversion

n'a d'ailleurs aucune importance.

Voici la division de cet ouvrage :

Enfin, j'indiquerai quelques travaux ayant une importance particulière au point de vue de la bibliographie des êtres vivants lumineux.

Avant de terminer cette courte préface, je désire appeler l'attention du lecteur sur le chapitre que j'ai consacré à la philosophie naturelle des animaux et des végétaux producteurs de lumière.

Beaucoup de personnes professent pour les généralisations un dédain regrettable, et demandent que l'on s'en tienne à l'observation, à l'expérimentation et à la description des faits, et aux conclusions qui en découlent d'une façon immédiate. Le nom de « philosophie naturelle » les fait sourire, car elles pensent que les généralisations à large envergure dont se compose cette science sont destinées en grande partie, tôt ou tard, à être précipitées dans le gouffre de l'erreur.

Et cependant, quel intérêt et quelle utilité aurait le nombre prodigieux des constatations scientifiques, si elles ne devaient servir à édifier des théories, d'autant plus solides qu'elles reposent sur un plus grand nombre de faits rigoureusement observés?

Les naturalistes n'ont pas seulement à décrire des animaux, à dessécher des plantes, à faire l'analyse de telle ou telle roche, à dessiner une coupe histologique, à étudier la circulation d'un Mollusque, et à se livrer à d'autres travaux plus ou moins analogues. Ils doivent regarder plus loin et plus haut. Ils ont aussi pour mission de réunir et de coordonner tous les faits acquis en de vastes synthèses qui sont l'expression la plus élevée de l'intelligence humaine. Le naturaliste qui n'a pas d'idées synthétiques est un naturaliste incomplet.

HENRI GADEAU DE KERVILLE.

Rouen, le 19 septembre 1889.

LES ANIMAUX ET LES VÉGÉTAUX LUMINEUX

CHAPITRE I

INTRODUCTION

La luminosité[1] animale est un phénomène très-généralement connu, non-seulement de ceux qui, par amour de l'histoire naturelle ou par simple distraction, se livrent à la captivante étude de cette science, mais encore des personnes que laissent indifférentes les êtres de la nature.

Ceux qui ont traversé les mers ou habité sur le littoral, connaissent presque certainement le

---

1. Dans cet ouvrage, je ferai constamment usage du mot *luminosité* au lieu de celui de *phosphorescence*. Ce dernier, il est vrai, a été jusqu'alors beaucoup plus employé, mais il a le grave défaut de laisser croire que la lumière biologique est due à un phénomène dans lequel le phosphore ou l'un de ses composés joue un rôle, sinon exclusif, du moins prépondérant, fait complétement inexact. L'expression de *luminosité*, intelligible pour tous et n'impliquant nullement la cause de ce phénomène chez les êtres vivants, est infiniment préférable.

merveilleux spectacle de la mer lumineuse. Dans les régions tropicales, les bois sont fréquemment illuminés par des Insectes Coléoptères appartenant à de nombreuses espèces. Pendant la saison chaude, dans l'Europe méridionale, on voit voltiger des Coléoptères photogènes : les Lucioles, véritables étoiles vivantes. Et dans l'Europe tempérée, par une belle soirée d'été, sur le bord d'un chemin ou d'un bois, se montre la douce clarté d'un Coléoptère : le Lampyre noctiluque, connu vulgairement sous le nom de *Ver-luisant*.

Si la luminosité, chez les animaux, est un phénomène très-fréquent, par contre, la luminosité végétale est beaucoup moins commune.

Les naturalistes ont observé, décrit et classé un nombre imposant d'animaux doués de la faculté photogénique, et fait d'intéressantes recherches sur différents végétaux possédant cette propriété si curieuse. L'examen des êtres vivants lumineux et l'étude intime du phénomène de la luminosité, sont le sujet de ce modeste ouvrage.

Les animaux et les végétaux photogènes habitent les mers et la partie terrestre. Le plus grand nombre ont une existence indépendante. Différentes espèces de Bactériacées vivent à l'extérieur ou à l'intérieur de corps organisés vivants ou morts.

La luminosité d'êtres habitant l'eau douce a été fort peu observée, et j'ajouterai que je ne connais aucune espèce photogène d'eau saumâtre. Toutefois, comme les espèces qui se trouvent dans les eaux saumâtres sont ordinairement des espèces marines habitant aussi dans ce milieu, rien ne s'oppose à ce qu'on y puisse observer des êtres vivants doués de la faculté photogénique.

Jadis on croyait que dans les abîmes des mers la vie n'existait pas ; mais les expéditions entreprises, notamment depuis une vingtaine d'années environ, pour explorer les grands fonds marins, ont fait reconnaître toute l'erreur de cette assertion. Les découvertes que l'on doit à ces admirables et fécondes recherches ont montré, entre autres, qu'il existait aux grandes profondeurs des mers une illumination brillante, une luminosité très-générale, que notre imagination, s'appuyant sur de nombreuses observations, nous permet de concevoir aisément, luminosité produite par des animaux d'une organisation extrêmement différente, compris entre des types très-inférieurs et des Poissons supérieurs. On peut certainement prédire que les futures explorations des grandes profondeurs marines augmenteront notablement la liste déjà très-longue des animaux doués de la faculté photogénique, et que l'illumination des mers, dans leurs abîmes, sera de plus en plus connue.

En résumé, nous pouvons dès maintenant considérer comme un fait acquis la presque universalité de la lumière biologique dans la partie terrestre, et dans les mers, depuis la surface jusque dans les abysses.

Chaque embranchement du règne animal possède un nombre très-différent d'espèces photogènes ; mais, tandis que la faculté photogénique est largement répandue chez les animaux d'une organisation inférieure et moyenne, et qu'elle existe aussi, parmi les Vertébrés, dans la classe des Poissons, par contre, les quatre autres classes de Vertébrés : Batraciens, Reptiles, Oiseaux et Mammifères, qui sont les classes les plus élevées de l'animalité, ne renferment aucune espèce normalement lumineuse.

Dans le règne végétal, on a observé la luminosité chez des espèces appartenant à trois embranchements. Seul, celui des Cryptogames vasculaires n'a pas encore fourni, à ma connaissance, de fait relatif au phénomène en question. Toutefois, il est probable que des observations futures prouveront que les quatre embranchements du monde végétal possèdent, comme tous ceux du monde animal, des types spécifiques producteurs de lumière. Il convient d'ajouter que les végétaux dont la faculté photogénique a été bien reconnue, font partie de l'embranchement le plus inférieur.

Les titres, donnés dans la préface, des différents chapitres de cet ouvrage, me dispensent de faire connaître ici les matières qu'il renfermera. Néanmoins, je dois dire que je parlerai seulement des animaux et des végétaux possédant normalement la faculté photogénique, et des êtres vivants et morts, accidentellement lumineux, mais non par eux-mêmes, laissant de côté certains faits de luminosité en dehors de la luminosité biologique : telle que la lumière émise par les yeux de différents animaux, lumière emmagasinée dans ces organes, et se dégageant ensuite par rayonnement ; telles que les lueurs produites par des coquilles de Mollusques, etc.

CHAPITRE II

RÉSUMÉ HISTORIQUE

Par l'étrange lumière qu'ils émettent, les êtres vivants photogènes ont de tout temps excité l'intelligence de l'homme de science, et attiré le regard du passant ; mais les multiples notes qui les concernent, publiées dans les siècles passés, se composent à peu près uniquement d'observations superficielles ; tandis que depuis le déclin du dix-huitième siècle, notamment dans la seconde moitié du nôtre, se sont produits des travaux nombreux, parfois de grande valeur, relatifs aux êtres vivants photogènes, travaux dans lesquels se trouvent des renseignements très-circonstanciés sur leur description, leur classification, leur distribution géographique, leur biologie, et, ce qui nous intéresse tout spécialement, sur la structure et le fonctionnement des parties photogènes, et sur les multiples faits concernant la lumière produite.

Dans l'antiquité, Aristote, Démocrite, et Pline le Naturaliste, ont cité des animaux et des végétaux lumineux. Et c'est à Pline le Naturaliste qu'est due, je crois, la première observation de quelque portée à l'égard de ce phénomène. Elle concerne les Pholades, Mollusques Lamellibranches que Pline désigne sous les noms de *dactyli* et d'*ungues*.

Il faut s'avancer jusqu'au xvi° siècle pour trouver des renseignements nouveaux sur le sujet en question, entre autres des observations intéressantes relatives à des Insectes photogènes, observations publiées par de Oviedo y Valdes et Pietro Martire (d'Anghiera).

Au xvii° siècle, les documents concernant les êtres vivants photogènes, bien que peu nombreux, sont beaucoup moins rares qu'au siècle précédent; mais ils ne renferment aucune étude intime sur le siége de la luminosité, sur la lumière émise, et sur les différentes circonstances qui accompagnent sa production. Quoi qu'il en soit, ces travaux témoignent de l'intérêt que l'on prend à ce phénomène biologique si remarquable. Parmi les savants de ce siècle auxquels nous devons des documents ayant trait aux êtres vivants producteurs de lumière, je citerai, entre autres : Thomas Bartholin, Dutertre, C.-F. Garmann, H.-N. Grimm, J.-F. Helvetius, Johann von Muralto, J.-E. Nieremberg, Norwood, Q.-S.-F. Rivinus, César de Rochefort, Stubbes, John Templer, Richard Waller, etc.

Au cours du xviii° siècle, des savants ont publié sur les animaux photogènes de fort intéressants travaux, dont certains ont un caractère analytique et sont beaucoup plus détaillés que ceux des auteurs précédents, nous amenant peu à peu à la précision minutieuse, à l'étendue et à la haute portée de différents mémoires d'auteurs contemporains sur les êtres vivants doués de la faculté photogénique. Ces naturalistes du XVIIIe siècle s'appellent : Beckerheim, Giovacchino Carradori, Degeer, l'abbé Dicquemare, Dortous de Mairan, de Flaugergues, Forskal, J.-G.-A. Forster, Griselini, Guéneau de Montbeillard, Nathaniel Hulme, J.-A. Melchior, Georg von Razoumowsky, Réaumur, Spallanzani, Vianelli, etc.

Depuis le commencement du XIXe siècle jusqu'à ce jour, quantité de naturalistes se sont occupés des êtres vivants producteurs de lumière, au point de vue de leur faculté photogénique, de leur description, de leur biologie, etc.

Vouloir énumérer les noms de tous les savants qui, dans notre siècle, ont augmenté nos connaissances relatives au sujet de cet ouvrage, serait vouloir faire des pages suivantes une longue liste de noms d'auteurs. J'indiquerai seulement les travaux principaux sur l'anatomie et la physiologie des êtres vivants photogènes, tels que les recherches de Allman, Ehrenberg, Huxley, R. von Lendenfeld, Panceri, J.-H. Pring, de Quatrefages, G.-O. Sars, Verhaeghe, W. Vignal, etc., sur les principaux types marins qui sont lumineux par eux-mêmes; les études anatomiques et expérimentales sur les organes photogènes et la luminosité de Lampyrinés, faites par C.-G. Carus, Humphry Davy, Carlo Emery, Jousset de Bellesme, Albert Koelliker, I.-F. Macaire, Matteucci, Philipp Owsjannikow, W.-C.-H. Peters, Max Schultze, Adolfo Targioni-Tozzetti, Heinrich von Wielowiejski, etc.; les recherches de Raphaël Dubois, Carl Heinemann, Albert Koelliker, Alexandre Laboulbène, Charles Robin, etc., ayant trait aux organes photogènes de Pyrophores; les études sur la composition et les propriétés de la lumière produite par des êtres vivants, dues à Aubert, Raphaël Dubois, Gernez, Ludwig, Meldola, Panceri, Pasteur, Ray-Lankester, le père Secchi, C.-A. Young, etc.; les recherches faites par Delile, J.-H. Fabre, L.-R. Tulasne, etc., sur la faculté photogénique de l'Agaric de l'Olivier; les études de Bernhard Fischer, Lassar, Ludwig, Nuesch, Pflüger, etc., sur des Bactériacées photogènes; l'ouvrage de Radziszewski concernant la luminosité des corps organiques et organisés; les recherches de Raphaël Dubois sur différents êtres vivants photogènes, notamment son mémoire sur *Les Elatérides lumineux*, recherches qui assurent à son auteur l'une des premières places parmi les savants qui se sont occupés de la fonction photogénique; etc.

En définitive, les êtres vivants photogènes ne provoquèrent, dans l'antiquité, aucune étude spéciale d'une certaine importance. Absolument négligés pendant le moyen-âge, ils devinrent, à partir du XVIe siècle, le sujet d'observations intéressantes de la part de savants, et donnèrent lieu à des travaux de plus en plus nombreux. D'abord, les observations étaient superficielles; puis l'organisation des êtres vivants producteurs de lumière, leur fonction photogénique, la cause de leur luminosité, etc., furent étudiées d'une façon de plus en plus approfondie.

Parmi ces très-nombreux travaux sur les êtres vivants photogènes, se trouvent forcément une notable quantité d'inexactitudes et d'erreurs, que de nouvelles recherches analytiques, encore plus précises, permettent de relever peu à peu; la vérité ne se dévoilant, hélas, qu'avec beaucoup de lenteur.

CHAPITRE III

THALLOPHYTES, MUSCINÉES
ET PHANÉROGAMES

Les végétaux lumineux de beaucoup les mieux connus appartiennent à l'embranchement le plus inférieur du monde des plantes, à celui des Thallophytes, subdivisé en deux classes: les Champignons et les Algues, qui possèdent l'une et l'autre des types doués du pouvoir photogénique.

En outre, la science a enregistré différents faits de luminosité observés chez des végétaux d'organisation notablement plus élevée, voire même chez des végétaux supérieurs; mais ces observations, accidentelles, ont besoin d'être confirmées par une étude approfondie avant que les espèces auxquelles se rapportent ces faits prennent place, d'une façon définitive, parmi les végétaux possédant réellement la faculté de produire de la lumière.

CHAMPIGNONS

Jusqu'alors, les Champignons reconnus pour être lumineux par eux-mêmes sont uniquement, jé crois, des Champignons supérieurs de la famille des Hyménomycètes; l'appareil végétatif (*rhizomorphes*) de l'Agaric couleur du miel (*Agaricus melleus* Fr.), et l'Agaric de l'Olivier (*Agaricus olearius* D.C.), étant les mieux connus.

Les anciens mycologues avaient créé pour les rhizomorphes un genre particulier : le genre *Rhizomorpha;* mais l'on sait aujourd'hui que ces filaments rameux, qui ressemblent à des racines, — d'où leur vient le nom de rhizomorphes, — et se présentent sous forme d'un réseau, ne sont autres que l'appareil végétatif, que le thalle de différentes espèces d'Hyménomycètes appartenant à plusieurs genres.

Les rhizomorphes de l'Agaric couleur du miel vivent en parasites dans les racines et, parfois, dans la partie inférieure de la tige d'arbres. Çà et là, ils sortent de l'écorce des racines et s'allongent dans le sol en rayonnant autour d'elles. Les filaments terrestres, qui vont des racines d'un arbre à celles d'un autre sans tirer aucune nourriture du sol qu'ils traversent, ne luisent point. Par contre, les filaments vivant à l'intérieur de l'arbre, d'où ils prennent leur alimentation, sont lumineux au contact de l'air tant que leur couche externe n'est pas cutinisée.

L.-R. Tulasne a observé la fonction photogénique des rhizomorphes de l'Agaric couleur du miel, dont la lumière est blanche, continue et sans scintillation. Dans une soirée de juin, par une température d'environ 22° centigrades, il examina des échantillons de ces rhizomorphes. Tous les jeunes filaments ayant une couche externe encore peu foncée émettaient une lumière uniforme dans toute leur longueur; ce même fait se manifestait à la surface de quelques vieux filaments, dont le plus grand nombre, cependant, ne brillaient que sur quelques points; en outre, d'autres filaments, dépouillés çà et là de leur couche externe, n'étaient lumineux qu'en ces parties dénudées, et seulement à leur surface. Tulasne fendit, lacéra plusieurs de ces filaments : leur substance interne resta obscure. Par contre, le lendemain soir, cette substance, ainsi exposée au contact de l'air, émettait à sa surface la même lumière que la couche externe des filaments; observation que cet éminent mycologue fit sur les vieux comme sur les jeunes filaments.

Outre l'Agaric couleur du miel, plusieurs autres Hyménomycètes (*Trametes pini* Fr., *Polyporus igniarius* Fr., *Lenzites betulina* Fr.) ont des rhizomorphes semblables à ceux de cet Agaric, et comme eux sont doués de la faculté photogénique. Il paraît que les rhizomorphes qui végètent activement brillent aussi bien le jour que pendant la nuit.

Chez d'autres espèces d'Hyménomycètes appartenant à des genres les plus différents, se développent sur leur thalle filamenteux, dans des conditions de nutrition convenables, des tubercules de pseudo-parenchyme, bientôt dépourvus de croissance terminale, à l'intérieur desquels s'amassent des substances de réserve, et qui passent de suite à l'état de vie latente. Ces tubercules ont reçu le nom de *sclérotes*. Pendant leur formation, et, ultérieurement, pendant leur germination, ils émettent de la lumière, fait observé chez l'*Agaricus tuberosus* Bull., etc.

L'Agaric de l'Olivier (fig. 1), si commun au pied de ce végétal, pendant les mois d'octobre et de novembre, dans toute la Provence, croît aussi sur d'autres espèces d'arbres très-différentes, et a pour habitat l'Europe méridionale. Sa lumière, comme celle des rhizomorphes de l'Agaric couleur du miel, est blanche, continue et sans scintillation.

Cet Agaric, même très-jeune, émet une lumière fort brillante. L.-R. Tulasne a constaté, comme

l'avait fait avant lui Delile, que l'Agaric en question est lumineux tant qu'il semble croître et
qu'il est frais, mais non plus ensuite; d'où l'on
peut déduire que la production de lumière est

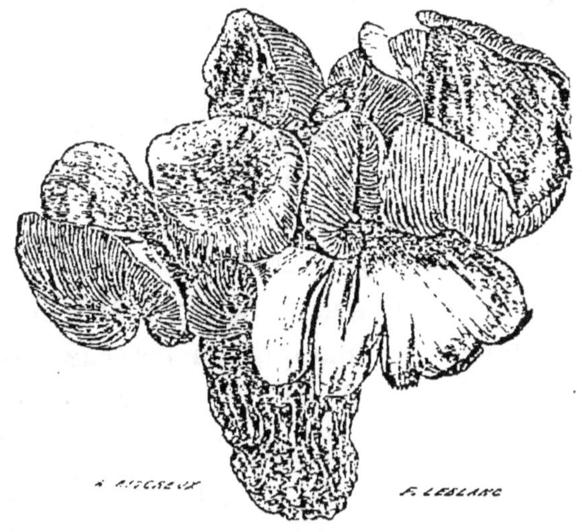

Fig. 1. — Agaric de l'Olivier. (1/2 de grand. natur.)

liée à la vie du Champignon. La luminosité, qui a
lieu aussi bien le jour que pendant la nuit, se
manifeste particulièrement à la face inférieure
lamellée du chapeau, appelée *hyménium*. En
général, la luminosité de l'hyménium commence
aussitôt que cette partie du Champignon a pris
un développement appréciable, et paraît limitée au
temps pendant lequel il conserve sa belle couleur
jaune dorée; cependant, Tulasne a souvent cons-

taté l'absence de toute luminosité sur l'hyménium, longtemps avant que les lamelles aient commencé à brunir. Plus tard, d'après le même botaniste, lorsque cet Agaric se gâte, il se couvre de plusieurs sortes de moisissures ; alors, il n'a jamais vu briller l'Agaric lui-même ni les moisissures qu'il nourrissait.

Ce n'est pas seulement à la surface de l'hyménium que l'Agaric de l'Olivier émet une lumière, et s'il est vrai que souvent cette partie seule est lumineuse, des observations très-nombreuses ont permis à Tulasne de reconnaître que toute la substance du Champignon possède très-fréquemment, sinon toujours, la faculté de produire de la lumière. Seule, la surface supérieure du chapeau ne lui a jamais paru lumineuse. Il faut ajouter que la luminosité de l'Agaric de l'Olivier est un phénomène capricieux, par suite des influences diverses qui peuvent agir sur ce Champignon.

Avec l'Agaric de l'Olivier, on doit citer quelques autres espèces d'Agarics photogènes, tels sont l'*Agaricus Gardneri* Berk., du Brésil et de l'Australie, qui, à l'état vivant, émet par toutes ses parties, dans l'obscurité, une brillante lumière d'une couleur verdâtre pâle, les *Agaricus phosphorus* Berk., de l'Australie, *A. candescens*

Müll. et Berk., de l'Australie, *A. Prometheus*
Berk. et C.N., de Hong-Kong, *A. noctilucens*
Lév., de Manille, *A. lampas* Berk., de l'Australie, *A. illuminans* Müll. et Berk., de l'Australie, etc.

On a indiqué aussi des faits de luminosité
concernant d'autres Champignons, mais ces faits
sont encore problématiques.

Sans le moindre doute, l'étude attentive du
développement des Champignons augmentera
notablement la liste des espèces photogènes, dont
certaines ne le sont peut-être que d'une façon
accidentelle. Patouillard et Roumeguère ont
vu, en effet, des exemplaires lumineux chez des
Agarics habituellement obscurs. A ce propos, je
dirai qu'il est possible que des Champignons
émettent accidentellement, après avoir cessé de
végéter, une lumière due à des Bactériacées photogènes non-marines. Si le Champignon végète, il
doit produire lui-même sa lumière; s'il a cessé
de vivre, ce sont presque certainement des Bactériacées photogènes qui le rendent lumineux;
double problème qui réclame des recherches
minutieuses.

ALGUES

Les Algues photogènes connues jusqu'à ce jour

appartiennent presque uniquement à la famille des Bactériacées; mais il n'est pour ainsi dire pas douteux qu'en dehors de cette famille existent aussi des espèces photogènes. En effet, Meyen a observé, dans les parties tropicales de l'Océan Atlantique, une très-petite Algue marine filamenteuse émettant de la lumière, qu'il a mentionnée sous l'appellation d'Oscillaire incolore. D'après Zopf, cette Algue serait probablement un *Beggiatoa*, c'est-à-dire une espèce de la famille des Nostocacées; mais elle a besoin d'être examinée à nouveau d'une façon très-attentive.

Plusieurs espèces de Bactériacées photogènes vivent dans l'eau salée. Ce sont des cellules d'une extrême petitesse, visibles seulement avec des grossissements très-considérables, et dont la multiplication s'effectue avec une étonnante activité, quand le milieu est propice.

On sait qu'il n'est pas rare de constater une luminosité chez des animaux marins ayant cessé de vivre, mais n'étant pas encore en putréfaction. C'est Pflüger qui, le premier, en 1875, reconnut que la luminosité fréquente de Poissons morts, venant des mers, est due à des Bactériacées, également marines, qui se développent à leur surface. Il trouva, dans le mucus recueilli à la surface de Poissons morts émettant de la lumière, d'innombrables végétalcules microscopiques, et montra que ce mucus lumineux perd cette propriété par une filtration à travers du papier sans colle, qui retient les Bactériacées et devient lumineux à son tour.

L'espèce observée par Pflüger reçut dans la suite les noms de *Micrococcus phosphoreus*, par Cohn, qui la rencontra sur du Saumon cuit, de *Bacterium lucens* Nuesch, de *Micrococcus Pflugeri* Ludwig.

A côté de la luminosité maintes fois observée chez des animaux morts de provenance marine, il faut citer aussi la luminosité de viandes de boucherie. Nuesch et Lassar ont étudié cet accidentel phénomène, et conclu qu'il est causé par des Bactériacées que Nuesch appela *Bacterium lucens*. Plus tard, Ludwig reconnut que cette espèce, à laquelle il donna le nom de *Micrococcus Pflugeri*, est celle qu'observa Pflüger, et fit voir aussi que l'on détermine aisément la luminosité de la viande en y transportant cette Bactériacée, qui rend lumineux des Poissons de mer après leur mort. La viande sur laquelle se développent ces êtres infiniment petits, émet dans l'obscurité des lueurs blanches, parfois un peu verdâtres, en traînées mobiles irrégulières, ressemblant à celles qu'une allumette

laisse sur des objets, lorsqu'on la frotte légèrement à leur surface. Cette luminosité s'étend
de proche en proche. Nuesch rapporte que dans
une nuit, toute la viande d'une boucherie pré-
senta ce phénomène. C'est, sans doute, par des
causes très-accidentelles, expliquant ainsi la rareté de ce fait, que les Bactériacées se dévelop-
pant sur des animaux marins qui ne vivent plus,
sont mises en contact avec de la viande. J'ajouterai que Bancel et Husson ont observé un
semblable phénomène, dû à une même cause,
sur du Homard conservé.

Le *Bacillus phosphorescens* Fischer, isolé par
Bernhard Fischer de l'eau de la Mer des Indes,
et retrouvé dans ces parages sur des animaux
marins ayant cessé de vivre, luisant dans l'obscurité, forme des bâtonnets très-mobiles, arrondis
aux deux extrémités. Ces bâtonnets mesurent, en
moyenne, de 1,15 à 1,75 μ (millième de millimètre)
de long, et ont une largeur deux à trois fois
moindre. Ils émettent une lumière blanche un peu
bleuâtre. B. Fischer a trouvé une espèce différente
de Bactériacée photogène sur des Poissons morts,
provenant de la Mer du Nord. Cette Bactériacée se
présente en courts bâtonnets mobiles, de 1,3 à
2,1 μ de longueur, sur une largeur qui varie
entre 0,4 et 0,7 μ. La lumière qu'ils émettent est

plus bleuâtre que celle de l'espèce précédente. En outre, Forster et Hermes ont étudié des Bactériacées photogènes qui semblent appartenir à une autre espèce, rencontrées aussi sur des Poissons morts de la Mer du Nord, et se rapprochant beaucoup, comme forme et dimensions, de la seconde des espèces trouvées par B. Fischer. Hermes leur a donné le nom de *Bacterium phosphorescens*. Ce *Bacterium* émet dans l'obscurité une lumière vert émeraude ayant quelque ressemblance avec celle des sulfures alcalino-terreux employés pour fabriquer les porte-allumettes éclairants. C'est surtout à la loupe, dans l'obscurité, qu'il est curieux d'examiner la culture de ce *Bacterium*. On observe alors des lueurs intermittentes, un scintillement continuel.

Il est très-probable que le *Bacterium phosphorescens* Hermes est le même que l'espèce appelée *Micrococcus phosphoreus* par Cohn. S'il en est ainsi, ces deux noms devront être remplacés par celui de *Bacillus phosphoreus* Cohn.

En 1888, Raphaël Dubois a fait connaître deux autres Bactériacées photogènes : l'une, le *Bacillus pholas* Dubois, qui vit à l'état normal dans les parois du siphon de la Pholade dactyle; l'autre, le *Bacterium pelagia* Dubois, trouvé dans le mucus sécrété par le manteau d'une Pélagie noctiluque. Ce fait d'association biologique, de symbiose d'un animal et d'une Algue l'un et l'autre photogènes, doit exister sans doute chez beaucoup d'autres animaux producteurs de lumière.

Comme on le voit, le nombre des espèces actuellement connues de Bactériacées photogènes est fort peu élevé; mais il est à peu près certain que ce nombre s'élèvera notablement dans l'avenir, l'étude de ces végétalcules photogènes étant jusqu'alors dans son enfance.

Les Bactériacées photogènes sont très-probablement la seule cause de la luminosité d'êtres marins qui ne vivent plus, mais dont la putréfaction n'est pas commencée encore. C'est surtout, d'après Alfred Giard, sur les estacades des ports, dans les endroits où les pêcheurs viennent dépecer les Poissons de grande taille, que l'on peut observer facilement cette luminosité, bien distincte, pour un œil exercé, de celle qui est produite par les Noctiluques. Le mouvement de l'eau à la marée montante, en agitant les débris organiques entre les pierres des quais, rend plus vive la luminosité de ces Bactériacées; mais ces lueurs se produisent aussi hors de l'eau, dans les baquets de bois où les pêcheurs conservent leurs Poissons, dans certains petits ports. Cet éminent naturaliste a remarqué bien souvent que ce sont constamment les mêmes récipients qui contiennent les Poissons d'où émane de la lumière, ce qui résulte évidemment de ce que, malgré les lavages répétés, les Bactériacées demeurent dans les interstices du bois et pullulent de nouveau quand la cuve est remplie de Poissons. Il lui a paru que les Bactériacées photogènes peuvent se développer sur toute espèce de matière organique (Poissons, Mollusques, Echinodermes, etc.), pourvu que la putréfaction ne soit pas commencée. Les Gades et les Pleuronectes sont peut-être, suivant Alfred Giard, les espèces de Poissons chez lesquelles la luminosité s'observe le plus souvent. La luminosité se manifeste aussi sur des végétaux macroscopiques qui ont été en contact avec de l'eau de mer.

Ce n'est pas seulement chez des animaux photogènes vivants, sur des animaux morts de provenance marine, sur du Poisson cuit, de la viande de boucherie, etc., que la luminosité a été constatée, car de Bary a vu du bois de Hêtre lumineux, qui ne contenait pas trace de filaments mycéliens; Naudin a observé des feuilles mortes lumineuses; L.-R. Tulasne a fait une observation semblable sur des feuilles de Chêne mortes et humides, et sur de petites brindilles de cet arbre; Eudes-Deslongchamps remarqua un phénomène de luminosité chez des Pêches qui commençaient à se pourrir ; etc. En outre, on a enregistré plusieurs cas exceptionnels de luminosité du lait, de l'urine, de la sueur, de la salive, etc. On a même observé des cadavres humains complétement lumineux. Parmi ces faits, il doit y en avoir qui ont été causés par des Bactériacées photogènes de provenance non-marine.

MOUSSES, MONOCOTYLÉDONES ET DICOTYLÉDONES

Si les Champignons et les Algues contiennent des espèces possédant normalement la faculté photogénique, par contre, les classes des Mousses, Monocotylédones et Dicotylédones renferment des végétaux chez lesquels on a constaté des faits d'émission de lumière, qui demandent une étude spéciale.

Voici, à cet égard, différentes observations :

On a dit avoir observé des lueurs d'un vert émeraude, émises par les filaments confervoïdes du protonéma d'une petite Mousse : le *Schistostega osmundacea* Dicks.

Balfour, sur l'autorité du général Madden, dit que les rhizomes de plusieurs Graminées indiennes sont occasionnellement lumineux pendant la nuit, au cours de la saison des pluies.

On a observé, paraît-il, la luminosité des fleurs d'un végétal du genre *Pandanus*.

D'après Spats, les feuilles de la Phytolaque commune (*Phytolacca decandra* L.) sont quelquefois lumineuses.

Le latex de certains végétaux est lumineux lorsqu'on le frotte dans l'obscurité ou lorsqu'on le chauffe un peu. Ce fait est surtout remarquable chez l'*Euphorbia phosphorea*, décrite par de Martius, qui reconnut que cette Euphorbe a un latex susceptible d'être lumineux. Il vit, par une température de 36° 25 centigrades, ce phénomène, qui cessa de se manifester quand la chaleur fut diminuée à 20° centigrades.

On a dit que la fille de Linné observa, en 1762, le phénomène de la luminosité chez un végétal supérieur. Dans un jardin, pendant un soir d'été chaud et orageux, elle vit de rapides étincelles qui s'échappaient des fleurs de la Grande Capucine (*Tropaeolum majus* L.). Cette luminosité se montrait aussi de bonne heure dans la matinée, mais n'était pas apparente dans l'obscurité complète.

Différents observateurs ont remarqué des faits semblables, et le phénomène en question a été vu sur des fleurs des végétaux suivants : Lis bulbifère (*Lilium bulbiferum* L.), Tubéreuse des jardins (*Polyanthes tuberosa* L.), Pavot de Tournefort (*Papaver orientale* L.), Grande Capucine (*Tropaeolum majus* L.), Onagre à gros fruit (*Oenothera macrocarpa* Pursh), Verveine (*Verbena* sp.?), Soleil des jardins (*Helianthus annuus* L.), Grand et Petit OEillet d'Inde (*Tageles erecta* L. et *T. patula* L.), Matricaire inodore (*Matricaria inodora* L.), Souci des jardins (*Calendula officinalis* L.), Gazanie queue de Paon (*Gazania pavonia* R. Brown), etc.

Dans ces fleurs, la lumière produite n'est pas continue, mais se manifeste sous forme de lueurs rapides. Chez les fleurs jaunes ou orangées, ces lueurs sont émises avec le plus de vivacité pendant les nuits orageuses, calmes et obscures de l'été, ne se montrant pas si l'atmosphère est humide; mais, paraît-il, on a vu les fleurs blanches de la Matricaire inodore émettre des lueurs au milieu d'épais brouillards.

Il est important de remarquer que c'est chez les fleurs de couleur jaune ou orangée que le phénomène de la luminosité fut observé principalement; toutefois, ce phénomène a été constaté aussi chez des fleurs blanches (Matricaire inodore, etc.), des fleurs rouges (Pavot à pétales frangés) et des fleurs écarlates (Verveine, etc.).

Relativement à cette dernière plante, je traduis de l'anglais les renseignements qui suivent, concernant sa luminosité accidentelle, renseignements communiqués au journal « The Gardeners' Chronicle and agricultural Gazette », et publiés dans son numéro du 16 juillet 1859 : Nous fûmes témoins, le soir du 10 juin 1858, un peu avant neuf heures, d'un très-curieux phénomène. Trois Verveines écarlates, chacune d'environ neuf pouces de haut, et distantes d'un pied environ, sont plantées en bordure devant la serre. Placé à quelques mètres de ces Verveines et les regardant, mon attention fut arrêtée par de faibles lueurs soudaines, passant en arrière et en avant d'une plante à l'autre. J'appelai immédiatement plusieurs membres de ma famille et mon jardinier, qui, tous, furent témoins de ce spectacle extraordinaire. Le phénomène dura pendant un quart d'heure environ, devenant graduellement plus faible, jusqu'à complète extinction. Après chaque lueur, il y avait une apparence de fumée que nous tous remarquâmes particulièrement. Le sol où se trouvaient ces plantes était très-sec, l'atmosphère étouffante et paraissant chargée d'électricité. Les lueurs avaient exactement l'aspect d'éclairs de chaleur en miniature. C'était la première fois que je voyais un fait de ce genre, et n'ayant jamais entendu parler de tels phénomènes, je pouvais difficilement en croire mes yeux. Dans la suite, quand le jour avait été chaud et que le sol était sec, le même phénomène fut constamment observé vers le coucher du soleil, également sur les Géraniums écarlates et les Verveines écarlates. En 1859, on revit le même fait. Dans la soirée du 10 juillet, mes enfants arrivèrent en courant, dire que les fleurs étaient de nouveau lumineuses. Nous vîmes tous ce phénomène, et, le soir du 11 juillet, je crois que les lueurs étaient plus brillantes que je ne les avais vues jusqu'alors.

CHAPITRE IV

PROTOZOAIRES

Les deux classes de l'embranchement des Protozoaires : les Rhizopodes et les Infusoires, contiennent des espèces qui possèdent la faculté photogénique.

Au nombre des Rhizopodes photogènes, il faut citer des Radiolaires. Enrico Giglioli a observé dans l'Océan Pacifique austral, en très-grande abondance, trois genres de ces animalcules, dont il n'indique pas les espèces : le genre *Thalassicolla*, renfermant des Radiolaires isolés, et les genres *Collozoum* et *Sphaerozoum*, composés de Radiolaires formant des colonies. Ces différents Radiolaires émettaient une vive lumière verdâtre et intermittente, qui semblait produite dans la substance périphérique, et se manifestait sur toute la superficie. Giglioli observa le même phénomène, chez ces animalcules, dans l'Océan Atlantique. La figure 2 représente le *Thalassicolla pelagica* E. Hæck.

Parmi les Infusoires, mentionnons, comme photogènes, les *Noctiluca miliaris* Suriray, *N. pacifica* Giglioli, *N. omogenea* Giglioli, *Lepto-*

discus . medusoides R. Hertw., *Pyrocystis noctiluca* Murray, *P. fusiformis* Murray, et,

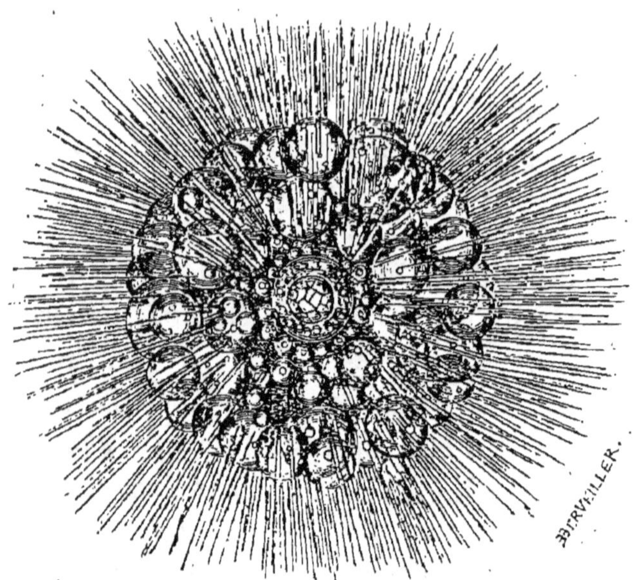

Fig. 2. — Thalassicolle pélagique. (Très-grossi.)

avec doute, les *Prorocentrum micans* Ehr. (fig. 3), *Peridinium fuscum* Ehr., *Per. Michaelis* Ehr., *Per. fusus* Ehr., *Per. furca* Ehr.; etc.

Le plus célèbre des Protozoaires photogènes est la Noctiluque miliaire, représentée par la figure 4.

Cette Noctiluque est un animalcule unicellulaire à corps d'une grande transparence,

pourvu d'un flagellum, et d'une densité légèrement inférieure à celle de l'eau de mer. La forme

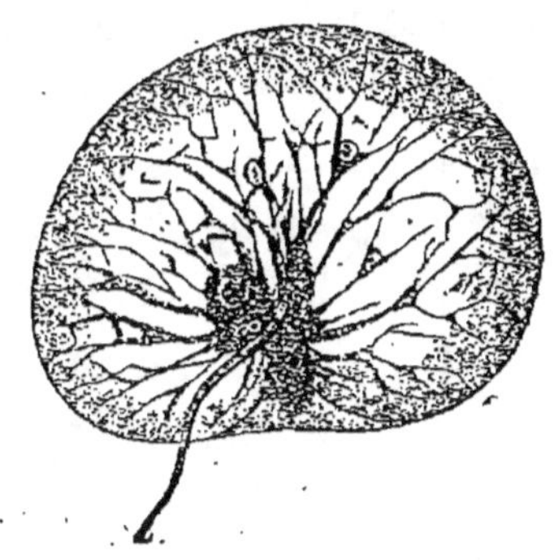

Fig. 3. — Prorocentre brillant. (Très-grossi.)

Fig. 4. — Noctiluque miliaire.
(Grossie 80 fois.)

générale est celle d'une pomme, d'une pêche,
d'un rein ou d'un melon lisse. Toutefois, cette
forme n'est pas constante. On trouve, en effet, des individus presque cordiformes et d'autres complétement sphériques. Les dimensions
sont variables. W. Vignal, auquel j'emprunte
les détails qui suivent, en a mesuré trente,
pêchés au hasard, à différents jours. Il trouva
que le diamètre moyen était de 450 μ, et les
diamètres extrêmes de 240 μ et 960 μ. En masse,
et surtout vus par transparence, ces animalcules
présentent une couleur rosée très-légère.

La Noctiluque miliaire se compose de trois

sortes de parties, distinctes au double point de vue anatomique et physiologique : 1° une partie banale, formée de la membrane d'enveloppe et du liquide intra-cellulaire ; 2° une partie active, qui est le protoplasma et son noyau ; enfin, 3° une partie différenciée, mais non individualisée, car elle ne possède pas de noyaux, partie comprenant les vésicules digestives et le flagellum.

La membrane d'enveloppe de cette Noctiluque est assez résistante, peu élastique, souple, homogène, transparente, et d'une épaisseur de un et demi μ. Cette membrane présente un sillon peu profond, situé près de la base du flagellum, et s'étendant sur le corps de l'animalcule, où il occupe un peu plus de la moitié de son pourtour. Au fond de ce pli, la membrane, s'adossant à elle-même, pénètre dans l'intérieur du corps, et y forme une cloison triangulaire, à sommet dirigé vers le centre, et dont la hauteur n'égale que le cinquième du diamètre de l'animalcule.

Près de la base du flagellum, entre cette base et le sillon, quelquefois même entre les deux bords du sillon, se trouve une petite ouverture difficile à voir, une simple perforation de la membrane d'enveloppe, le plus souvent circulaire, mais ayant parfois la forme d'une demi-lune ou d'un croissant. C'est l'ouverture orale, qui met en relation l'intérieur et l'extérieur du corps. Elle n'a aucune activité spéciale ; ses bords ne jouent pas le rôle de lèvres, ne saisissent pas la nourriture, mais la laissent simplement pénétrer dans l'animalcule. Cette ouverture sert aussi à l'éjection des matières non digérées, car elle existe seule dans la membrane d'enveloppe. Elle est donc à la fois une ouverture orale et une ouverture anale.

La masse protoplasmique centrale est située immédiatement en arrière de cette ouverture. Son volume est très-variable, et, pendant la vie, sa forme change constamment. Elle est transparente, et contient un grand nombre de granulations fines très-réfringentes. Assez souvent elle se creuse, notamment sur ses bords, de vacuoles de grandeur et de forme diverses, analogues à celles que l'on observe dans les cellules lymphatiques, vacuoles qui naissent et disparaissent tour à tour.

Du protoplasma central partent, dans toutes les directions, des prolongements amiboïdes, transparents comme du verre, mais assez faciles à distinguer, parce qu'ils contiennent toujours quelques-unes de ces granulations réfringentes qui existent en si grand nombre dans la masse protoplasmique centrale. Ces prolongements se dirigent vers la périphérie, en se divisant, s'anastomosant et se subdivisant en rameaux de plus en plus fins, qui, arrivés au-dessous de la membrane d'enveloppe, forment, par leurs anastomoses, un réseau à mailles polygonales serrées. De même que la masse centrale d'où ils naissent, ces prolongements sont mobiles, et leurs mouvements, pour n'être pas rapides, n'en sont pas moins actifs. Dans le réseau formé par eux, on voit aussi des vacuoles se former et disparaître.

La Noctiluque miliaire possède un noyau dont la grosseur est toujours en rapport avec celle de l'individu le contenant. Ce noyau est visible seulement après la mort.

Dans l'intérieur de cet animalcule, on observe un certain nombre de vésicules digestives, caractérisées par un double contour très-net, et renfermant, tantôt des grains rouges ou verts, tantôt des débris d'Algues, et souvent de petits Infusoires ou des Diatomées. La forme de ces vésicules varie suivant les corps qu'elles contiennent, bien que leur membrane enveloppante ne se moule pas exactement sur son contenu. Elles ont les volumes les plus divers : tantôt elles n'occupent qu'une faible partie du corps, tantôt elles le remplissent presque complétement. Leur nombre est variable. Certains individus n'en présentent

qu'une ou deux, d'autres sept ou huit ; W. Vignal
en a compté une fois jusqu'à treize, dont quatre
étaient d'un volume assez notable. Elles se ren-
contrent dans toutes les parties du corps ; cependant, il est rare qu'il n'y en ait pas au moins
une dans le voisinage immédiat de la masse
protoplasmique centrale. Ces vésicules digestives ne sont autres que des estomacs tempo-
raires.

Le flagellum prend naissance dans le voisinage
de l'ouverture orale, et semble formé par une
expansion de la membrane d'enveloppe du corps.
La longueur de cet appendice est à peu près égale
au diamètre de l'animalcule. Il est aplati, et présente l'aspect d'une lame dont l'une des faces est
tournée vers l'ouverture orale. Sur les côtés de sa
base on observe deux sortes de brides, formées par
la saillie de la membrane d'enveloppe du corps. Ce
flagellum renferme deux couches parallèles, dont
l'une est striée transversalement, et l'autre composée de fines granulations répandues dans une
substance incolore. Il agit comme un muscle.
Quand on examine des Noctiluques miliaires
vivantes, on voit que cet appendice est animé
d'un mouvement lent, qui, dans de bonnes
conditions, se renouvelle environ cinq fois par
minute.

L'observation du flagellum, à l'état vivant, montre que la contraction a toujours lieu du côté strié. qui est tourné vers l'ouverture orale, et jamais du côté de la couche granuleuse, laquelle doit être de nature élastique.

Le mouvement du flagellum est trop lent et la quantité d'eau qu'il déplace trop minime pour qu'il puisse être considéré comme un organe de locomotion. Il est plus probable que son mouvement a pour but d'amener au niveau de l'ouverture orale les Diatomées, les Desmidiées, les Infusoires, qui servent à la nourriture de ces animalcules.

Les Noctiluques miliaires sont flottantes; elles forment une couche plus ou moins étendue, à la surface de la mer, et, au moment de leur luminosité, lui donnent un éclat vraiment féerique, contribuant, pour la majeure partie, à la production de cet admirable phénomène, sur un très-grand nombre de points des zones littorales.

Cette espèce a une distribution géographique extrêmement étendue, et paraît habiter principalement dans le voisinage des côtes.

Il est très-important de remarquer que chez la Noctiluque miliaire, et, sans doute, chez les autres espèces du genre Noctiluque et des genres voisins, la luminosité est produite par la masse protoplasmique. Ces divers animalcules sont complétement dépourvus d'organes photogènes différenciés.

Voisines, par leur organisation, de la *Noctiluca miliaris*, sont les *Noctiluca pacifica* Giglioli et *N. omogenea* Giglioli.

La Noctiluque pacifique, observée dans l'Océan Pacifique, sur les côtes de l'Australie et de l'Amérique méridionale, par Enrico Giglioli, émet une lumière blanchâtre, et présente des prolongements amiboïdes internes, comme chez la Noctiluque miliaire, dont elle se distingue par une taille plus grande, et par son flagellum proportionnellement plus gros et plus long, dépourvu de stries transversales.

La Noctiluque homogène a été trouvée dans les mers de l'Archipel Malais et de la Chine, entre Batavia et Hong-Kong, par le même naturaliste. Sa lumière est verdâtre. Elle manque, autant que Giglioli a pu l'observer, des prolongements amiboïdes internes que présentent les deux précédentes espèces de Noctiluques. Son flagellum a des stries transversales, et, proportionnellement, est beaucoup plus court que celui de la Noctiluque miliaire, dont elle ne diffère pas dans ses autres dimensions.

Le *Leptodiscus medusoides* R. Hertw., qui

habite la Méditerranée, est un animalcule photo-gène très-voisin des Noctiluques.

En outre, pendant le mémorable voyage de cir-cumnavigation scientifique du vaisseau anglais *Challenger*, on a recuëilli des animalcules pho-togènes appartenant aussi, sans doute, comme les genres Noctiluquè et Leptodisque, au groupe des Cystoflagellés. Ce sont les *Pyrocystis nocti-luca* Murray et *P. fusiformis* Murray.

Le Pyrocyste noctiluque a une forme sphéri-que, un diamètre de 0,6 à 0,8 de millim., et une substance protoplasmique de couleur brunâtre. Cet animalcule se trouve toujours, et souvent par quantités considérables, à la surface en plein océan, dans les régions tropicales et subtropi-cales, où la température est au-dessus de 20° ou 21° centigrades, et où le poids spécifique de l'eau de mer n'est pas abaissé par l'eau douce du littoral.

Ce Pyrocyste émet une vive lumière, qui est la principale source de la luminosité de la mer dans les régions équatoriales. Il est abondant particu-lièrement dans les eaux salées les plus chaudes des tropiques, et la plus brillante luminosité ob-servée pendant l'expédition du *Challenger*, était due à sa présence en considérable quantité à la surface de la mer, après un temps calme.

Une seconde espèce du même genre, le Pyrocyste fusiforme, représenté par la figure 5, est

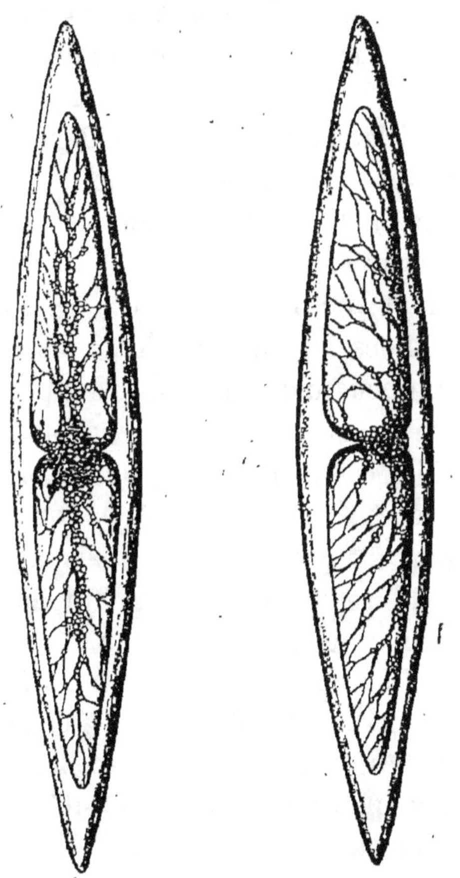

Fig. 5. — Pyrocyste fusiforme. (Grossi 100 fois.)

loin d'être aussi abondant que le Pyrocyste
noctiluque. On le rencontre presque toujours

avec cette espèce, et sa distribution géographique est la même. Sa substance protoplasmique est disposée en deux subcônes allongés, opposés par leurs bases, et ornés d'un réseau de prolongements amiboïdes.

Dans l'Océan Pacifique occidental, on sépara, au moyen de pipettes, une douzaine d'individus de chacune de ces deux espèces, et on les plaça séparément dans des globes remplis d'eau de mer pure et filtrée. Le soir, après avoir agité l'eau, on observa environ une douzaine de points très-lumineux dans chacun des globes, et l'on ne put remarquer aucune différence dans la lumière émise par ces deux Pyrocystes. Après avoir été agités successivement trois ou quatre fois, ils cessèrent d'être lumineux, mais au bout d'une heure de repos, la lumière fut émise avec le même éclat qu'en premier lieu.

Les recherches ultérieures nous feront savoir, presque certainement, si des Péridiniens d'eau salée et d'eau douce possèdent réellement la faculté photogénique, ou si la luminosité qu'ils présentèrent n'était pas produite par des Bactériacées photogènes.

CHAPITRE V

COELENTÉRÉS

Parmi l'embranchement des Coelentérés, qui renferme des animaux groupés en colonies ou solitaires, dont la plupart vivent à la surface ou aux différentes profondeurs des mers, on rencontre des espèces photogènes dans les trois sous-embranchements : Spongiaires, Cnidaires et Cténophores; et nous pouvons dire que la faculté photogénique est très-commune dans ces deux derniers groupes d'animaux.

Je n'ai pas à mentionner ici toutes les formes spécifiques de Coelentérés productrices de lumière, et me bornerai à faire connaître différentes espèces photogènes typiques, en prenant la majorité des renseignements qui les concernent dans les remarquables mémoires de l'éminent biologiste Panceri.

L'existence de la luminosité, chez les Spongiaires, n'a été reconnue jusqu'alors, du moins à ma connaissance, que chez une jeune *Reniera;* mais, probablement, l'avenir saura que la faculté photogénique est loin d'être rare parmi ce vaste groupe de Coelentérés.

Dans le sous-embranchement des Cnidaires, la faculté de produire une luminosité est très-abondamment répandue. Chez les Anthozoaires appartenant à la famille des Pennatulidés, il existe différentes espèces photogènes. Cette famille se compose de colonies de Polypes appelées Polypiers, ayant des formes diverses, le plus souvent une tige cornée flexible qui présente, dans certaines espèces, sur ses deux côtés, excepté dans la partie basilaire, des lamelles foliacées où sont fixés les Polypes, et qui firent donner à ces Polypiers le nom vulgaire de « Plumes de mer ». Chez tous les genres de Pennatulidés, les Polypes sont dimorphes (Polypes sexuels et Polypes rudimentaires ou Zooïdes). La base de la tige du Polypier, dépourvue d'animaux, est située dans le sable ou la vase, sans contracter aucune adhérence. Ajoutons que cette colonie constitue un seul animal, formé par l'association d'un nombre plus ou moins élevé d'animaux dimorphes, toujours facilement distinguables, liés entre eux d'une manière des plus intimes.

Wyville Thomson a donné les détails suivants sur la *Funiculina quadrangularis* Pall., qui appartient à la famille des Pennatulidés, et habite les mers d'Europe. En descendant le détroit de Skye, pendant notre voyage de retour, nous draguions, dit cet éminent naturaliste, dans une profondeur de cent brasses, et la drague revint toute enchevêtrée des longues tiges roses de la singulière Plume de mer, *Funiculina quadrangularis*. Ces animaux resplendissaient d'une luminosité lilas pâle, semblable à la flamme du gaz cyanogène. La lumière n'était pas scintillante, comme la lumière verte de l'*Ophiacantha spinulosa* Müll. et Trosch. (Echinoderme), mais presque continue, éclatant plus brillamment sur un point, puis s'effaçant presque entièrement, mais, cependant, restant toujours assez vive pour éclairer parfaitement toutes les parties d'une tige accrochée dans les houppes ou adhérant aux cordes. D'après le nombre de *Funiculina* qu'un seul dragage a ramenés, il est évident que nous avons passé au-dessus d'une forêt de ces animaux. Les tiges avaient un mètre de longueur, et elles étaient frangées de centaines de Polypes.

La figure 6 représente la *Pennatula phosphorea* L. Dans cette espèce, le nombre des lamelles est d'environ trente-quatre à trente-six de chaque côté. La couleur du Polypier est rougeâtre, sauf la partie inférieure de la tige, qui est d'une teinte jaunâtre et courbée légèrement à son extrémité. La longueur totale de la colonie est de dix-sept à dix-neuf centimètres environ. Cette Pennatule a été trouvée dans les mers d'Europe.

Citons encore, au nombre des Pennatulidés photogènes, la *Pennatula rubra* Ell., le *Pteroides*

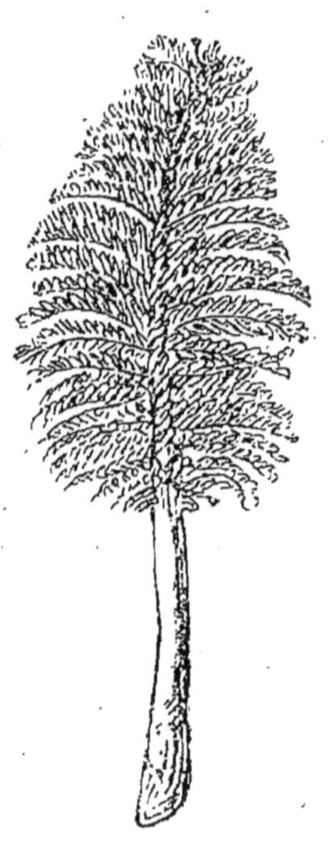

Fig. 6. — Pennatule phosphorée. (2/5 de grand. natur.)

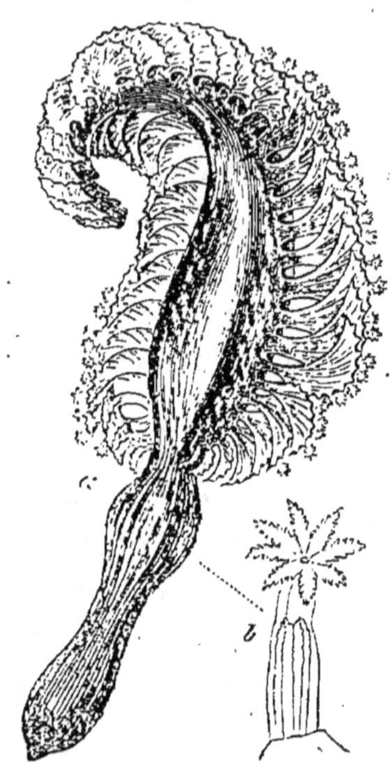

Fig. 7. — Ptéroïde gris : *a*, Polypier (1/3 de grand. natur.); *b*, Polype épanoui. (Grossi.)

griseum Esp., représenté par la figure 7, des *Veretillum, Stylobelemnon, Umbellularia*, etc.

Avant les remarquables investigations de Panceri, on n'avait fait ni expériences méthodiques pour déterminer les conditions nécessaires à la production de la luminosité chez les Pennatulidés, ni recherches spéciales pour savoir s'ils possèdent des organes photogènes différenciés. On pensait que c'était le mucus recouvrant les Polypes qui était lumineux, car les doigts qui touchaient à ce mucus et comprimaient des Polypes se couvraient d'une substance lumineuse. Nous savons aujourd'hui que différents Pennatulidés ont des organes photogènes spéciaux, mais que par suite de la mollesse et de la fragilité de ces organes, la substance photogénique, sous une pression quelconque, se répand dans diverses régions du Polypier, et peut ainsi rendre lumineuses des parties normalement obscures.

Dans le chapitre contenant un résumé anatomique et physiologique des êtres vivants lumineux, je ferai connaître, avec quelques détails, les recherches de Panceri sur des Pennatulidés photogènes, indiquant seulement ici plusieurs faits, dus aux investigations de ce biologiste.

Chez les Pennatules et genres voisins, et vraisemblablement chez tous les Pennatulidés photogènes, la lumière émane exclusivement des Polypes et des Zooïdes.

Les organes photogènes des Pennatules consistent en huit cordons, appelés par Panceri « cordons lumineux », qui adhèrent à la surface externe de la cavité gastro-vasculaire des Polypes et des Zooïdes, et se continuent dans chacune des papilles buccales des uns et des autres.

Ces cordons lumineux sont composés principalement d'une substance contenue dans des cellules, qui a tous les caractères des matières grasses, y compris celui de ne pas se décomposer aussitôt après la putréfaction de ces animaux.

L'une des particularités les plus curieuses de la fonction photogénique des Pennatulidés, est la manifestation de courants lumineux, que nous étudierons dans le chapitre XIII.

La famille des Gorgonidés, voisine de celle des Pennatulidés, renferme des espèces photogènes qui doivent être nombreuses. Les Gorgonidés vivent en colonies, formant des Polypiers composés d'un axe ramifié, corné ou calcaire, dont la forme est très-habituellement arborescente. Dans cette famille, on a constaté la luminosité chez des espèces appartenant aux genres *Gorgonia, Isis* et *Mopsea*. La figure 8 représente deux types spécifiques de ce dernier genre.

Relativement aux Gorgonidés photogènes, j'emprunte à un savant d'un incontestable mérite, de Folin, les observations suivantes, rédigées dans

Fig. 8. — Mousses. (Réduites)

un style où, peut-être, l'enthousiasme s'élève parfois à une note quelque peu élevée.

Un soir, dit-il, que le chalut avait été mouillé assez tard par une assez grande profondeur, comme il ne pouvait rentrer à bord que le lendemain matin de bonne heure, chacun était allé dans son lit en attendant le retour de l'instrument. Il eut lieu vers trois heures, par un temps fort obscur : remontés sur le pont assez à temps pour le voir paraître à la surface de l'eau, il nous fut facile de reconnaître qu'il montrait de nombreuses lueurs; cette particularité n'inspira d'abord que peu d'intérêt, la mer présentant souvent les mêmes effets, lorsque quelque frottement ou quelque choc l'agite.

Mais combien la surprise fut grande quand on put retirer du filet un grand nombre de Gorgonidés ayant le port d'un arbuste, et que ceux-ci jetèrent des éclats de lumière qui firent pâlir les vingt fanaux de combat qui devaient éclairer les recherches et avaient pour ainsi dire cessé de luire aussitôt que les Polypiers se trouvèrent en leur présence. Cet effet inattendu produisit d'abord une sorte de stupéfaction qui fut générale, puis on porta quelques spécimens dans le laboratoire, où les lumières furent éteintes. Dans l'obscurité profonde de cette pièce, ce fut pour un instant de la magie : nous eûmes sous les yeux le plus merveilleux spectacle qu'il soit donné à l'Homme d'admirer. De tous les points des tiges principales et des branches du Polypier s'élançaient par jets des faisceaux de feux dont les éclats s'atténuaient, puis se ravivaient pour passer du violet au pourpre, du rouge à l'orange, du bleuâtre à différents tons de vert, parfois au blanc du fer surchauffé. Cependant, la couleur bien dominante était sensiblement la verte; les autres n'apparaissaient que par éclairs et se fondaient rapidement avec elle. Si, pour aider à se rendre quelque peu compte de ce qui nous charmait, je dis que tout ceci était bien autrement beau que la plus belle pièce d'artifice, on n'aura encore qu'une bien faible idée de l'effet produit, et pourtant je ne puis rien trouver d'autre pour comparer le phénomène.

Pour nous, il n'eut pas une plus longue durée !

La vie s'éteignait peu à peu chez ces animaux, la vivacité des éclats diminuait à chaque minute, les feux s'en allaient mourants avec l'organisme. Au bout d'un quart d'heure, leur pâleur dernière disparaissait elle-même pour ne laisser au Polypier que l'aspect morne et sombre d'une branche desséchée. Si l'on examine un petit fragment de ce Gorgonidé, de cet Isis ou Mopsea, on voit, en effet, que son axe calcaire est bien peu de chose, et que le sarcosome qui le revêt et projette la lumière ne peut avoir une grande épaisseur. Et cependant il était assez puissamment organisé pour jouer à la lumière électrique, au feu d'artifice, je serais presque tenté de dire au soleil, et cela en toutes les parties comprises entre les Zooïdes. Pour faire juger de cette intensité, nous dirons que d'une extrémité à l'autre du laboratoire, à une distance de plus de six mètres, nous pouvions lire comme en plein jour les caractères les plus fins d'un journal.

J'ajouterai, relativement à la faculté photogénique dans la classe des Anthozoaires, que la luminosité a été observée chez un Zoanthaire du genre *Madrepora*.

Dans la classe des Polypoméduses, on trouve une série de Polypiers appartenant à l'ordre des Hydroméduses, dont la tige et ses ramifications présentent des aspects variés, et dont les Polypes doivent posséder, d'une façon très-générale, la faculté photogénique. Ce pouvoir a été observé, parmi eux, chez l'*Aglaophenia pluma* L., le *Sertularia abietina* L., représenté par la figure 9, l'*Obelia geniculata* L., etc.

Tout le monde connaît les animaux menant
une vie indépendante et libre, désignés sous le
nom collectif de « Méduses ». Ceux qui ont fait
quelque voyage maritime,
même une simple excursion
en mer ou des promenades
sur le littoral, auront eu
l'occasion de remarquer,
flottant à la surface ou re-
jetés sur la plage, ces animaux, de consistance gélatineuse mais assez compacte
pour résister au choc des
vagues, présentant, sous les
rayons du soleil, de cha-
toyantes couleurs, désa-
gréables à manier en rai-
son de leur viscosité, et,
notamment, parce que beaucoup d'espèces peuvent,
quand on les touche, déter-

Fig. 9. — Sertulaire abié-
tine. (Grand. natur.)

miner une urtication douloureuse, produite par
de nombreuses cellules urticantes appelées cnido-
blastes ou nématocystes.

Les Méduses comprennent des espèces très-
variées par la forme, la taille et le degré d'organisation. Elles appartiennent à l'ordre des Hydro-

méduses, dans lequel on a observé la faculté photogénique chez des Méduses des genres *Tiara, Thaumantias, Cunina, Liriope, Geryonia*, etc., faculté qui doit être largement répandue parmi ces Méduses, et à l'ordre des Acalèphes, qui contient les Méduses supérieures.

Entre ces deux ordres, on a intercalé celui des Siphonophores, dont beaucoup d'espèces possèdent la faculté de produire de la lumière. Enrico Giglioli croit que tous les types appartenant au sous-ordre des Calycophoridés (*Praya, Diphyes, Abyla*, etc.), sont plus ou moins photogènes. La figure 10 représente l'un de ces types : le Praya cymbiforme (*Praya cymbiformis* d. Chiaje), élégante colonie d'une couleur générale rosée, avec des tons bleuâtres pâles, colonie que l'on trouve dans la Méditerranée.

Parmi les Acalèphes, la plupart des espèces possèdent la propriété photogénique. Eschscholtz pensait même qu'ils étaient tous photogènes, mais Panceri ayant soumis à des stimulants très-variés des Hydroméduses (*Rathkea fasciculata* Péron et Lesueur, *Geryonia proboscidalis* Forskal, etc.), et un Acalèphe (*Rhizostoma Cuvieri* Péron et Lesueur), ne put les rendre lumineux. Il ne faudrait pas, cependant, en déduire que toutes les espèces de ces genres

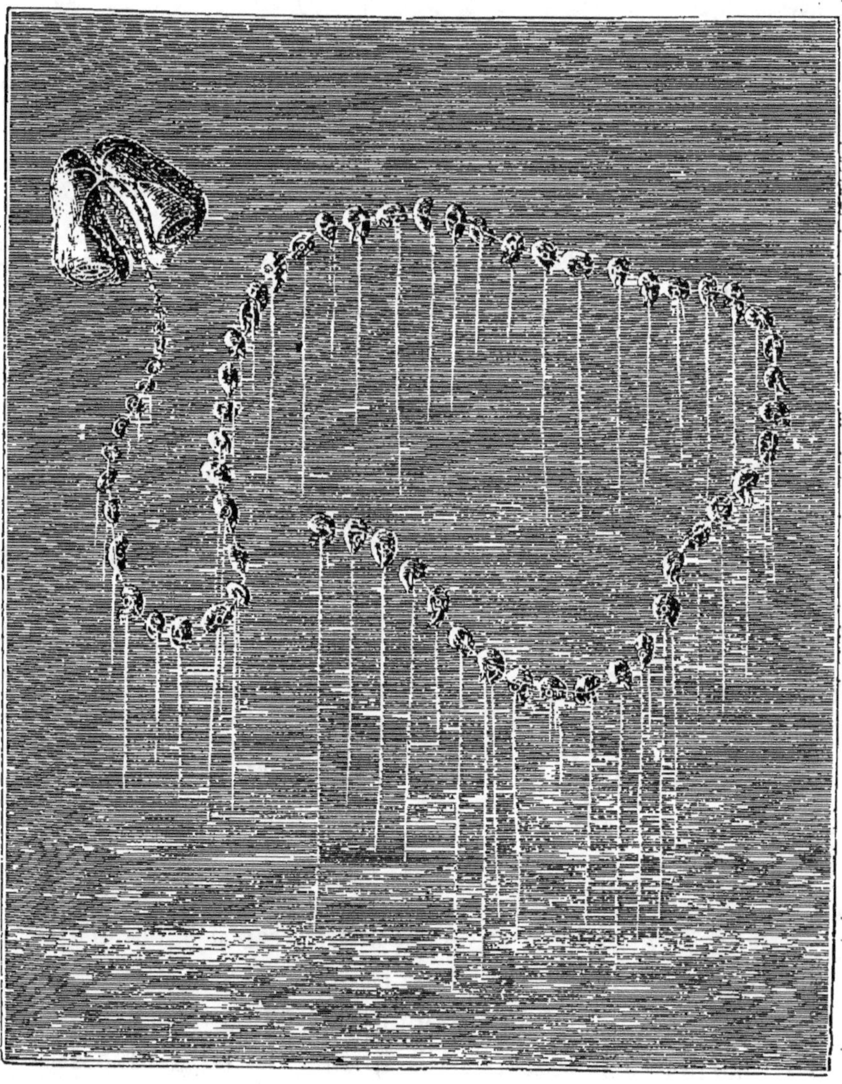

Fig. 10. — Praya cymbiforme. (4/7 de grand. natur.)

soient dépourvues de la faculté photogénique, car l'on a observé cette faculté dans les genres *Geryonia* et *Rhizostoma*.

Si, réellement, il existe des Méduses appartenant aux ordres des Hydroméduses et Acalèphes, qui ne soient lumineuses sous l'action d'aucun stimulus, il n'en est pas moins certain que la plupart des Méduses possèdent la faculté de produire de la lumière. D'ailleurs, les expériences de Panceri prouvent seulement que les Méduses en question restèrent obscures sous l'action des stimulants employés, et non pas que des individus de ces mêmes espèces ne puissent briller à un autre moment de leur vie ou dans des conditions différentes. A cet égard, je citerai les observations suivantes : En juillet 1845, Forbes ayant recueilli, à l'île de Zetland, des myriades de petites Méduses appartenant à différents genres, chez lesquelles il avait observé autrefois le pouvoir photogénique, il ne put, par aucun moyen, les faire émettre de la lumière, tandis qu'avec les mêmes espèces, l'année suivante, à la même époque, sur les côtes de Cornouailles, il obtint toujours une très-vive luminosité. Cependant, les récipients où les Méduses restées obscures avaient été placées, ne pouvaient nullement empêcher la lumière de se manifester, puisqu'il se trouvait, dans les mêmes récipients, des exemplaires d'un Cténophore qui étaient bien lumineux.

Les figures 11 et 12 représentent deux Acalèphes très-communs : la Pélagie noctiluque

Fig. 11. — Pélagie noctiluque.
(1/2 de grand. natur.)

(*Pelagia noctiluca* Péron et Lesueur) et l'Aurélie oreillarde (*Aurelia aurita* L.), chez lesquelles on a observé le pouvoir photogénique, très-développé chez la première.

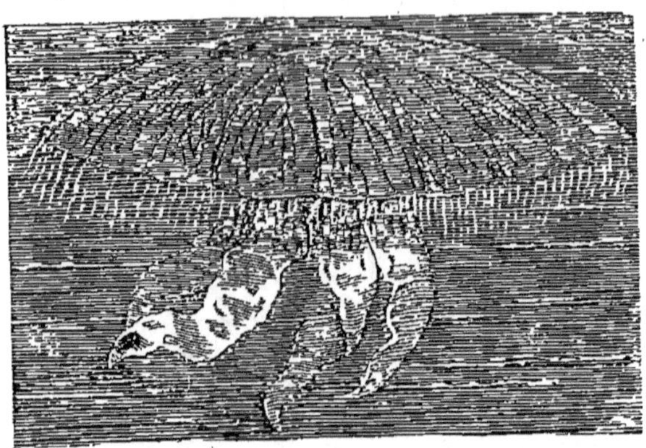

Fig. 12. — Aurélie oreillarde. (1/3 de grand. natur.)

Chez les Méduses, la luminosité se produit le plus souvent à la surface externe de l'animal. Il y en a chez lesquelles le siége de la luminosité est dans les corps marginaux situés à la base des tentacules : tel est le cas pour les *Thaumantias*, *Mésonema*, *Liriope*, et même pour quelques *Geryonia*. Chez la *Cunina albescens* Ggbr., la luminosité a son siége dans les tentacules et dans la membrane qui pend au-dessous de la couronne de ces organes. Mais ce n'est pas seulement à la surface externe que se manifeste l'émission de la lumière chez ces animaux. On a observé, en effet, que les parties photogènes sont parfois des organes internes, tels que les canaux radiaires et les glandes génitales. Chez la *Tiara pileata* Forskal, ces glandes brillent d'un éclat tel, qu'Ehrenberg comparait cette Méduse à un globe de lampe éclairé par une flamme. Il convient d'ajouter que la lumière externe peut coexister avec la lumière interne : ainsi, chez les *Thaumantias*, le disque et les corps marginaux sont susceptibles de briller à l'intérieur, et chez la *Pelagia noctiluca*, on peut voir un cercle lumineux autour des glandes génitales et une lumière émanant des canaux radiaires. Nous étudierons ultérieurement le pouvoir photogénique chez les Méduses, et nous verrons que leur luminosité a pour siége l'épithélium.

Avant de terminer ce chapitre, il me reste à parler du sous-embranchement des Cténophores, renfermant des Coelentérés libres et solitaires. Parmi ces animaux, un certain nombre d'espèces sont photogènes, telles sont les : *Cydippe pileus* Gmel., *Callianira bialata* d. Chiaje, *Cestus Veneris* Lesueur, *Bolina hibernica* Patters.. *Eucharis multicornis* Quoy et Gaim., *Beroe ovata* d. Chiaje, *B. Forskali* Chun, etc.

Trois espèces photogènes de Cténophores, que

j'ai fait représenter ici, montrent des types bien différents.

La première (fig. 13) est le Cydippe globuleux (*Cydippe pileus*), dont l'ouverture buccale est

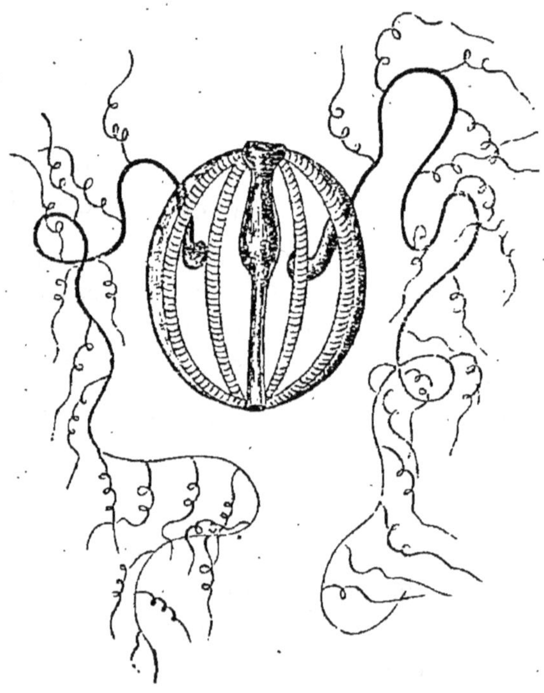

Fig. 13. — Cydippe globuleux. (Un peu grossi.)

placée en sens inverse de celles des deux poches spéciales où peuvent se retirer les deux longs filaments tactiles et préhensiles. Ce Cydippe a une couleur générale bleuâtre pâle.

La seconde (fig. 14) est le Ceste de Vénus (*Ces-*

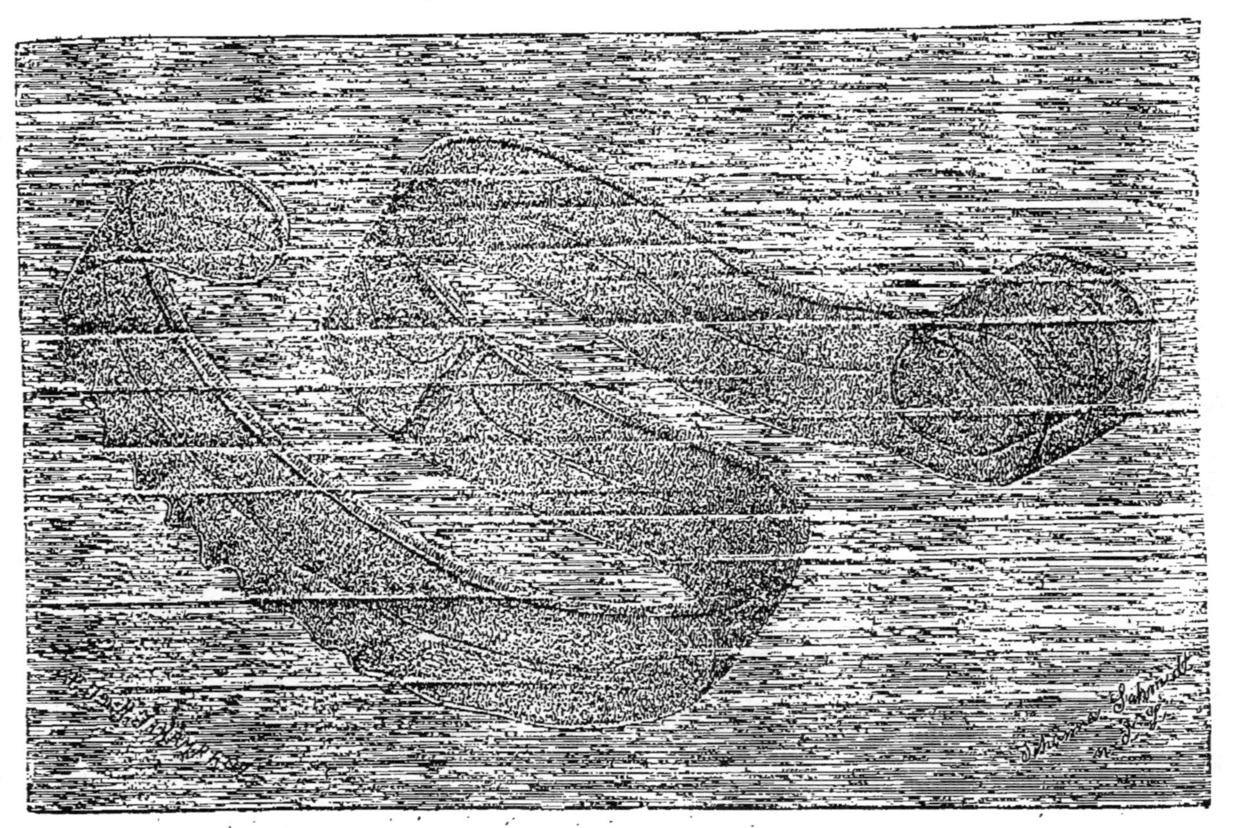

Fig. 14. — Ceste de Vénus. (1/4 de grand. natur.)

tus Veneris), désigné vulgairement sous l'appellation de « Ceinture de Vénus ». Cet animal a
l'aspect d'un long ruban, et présente, sous les
rayons du soleil, d'admirables couleurs cha-
toyantes.

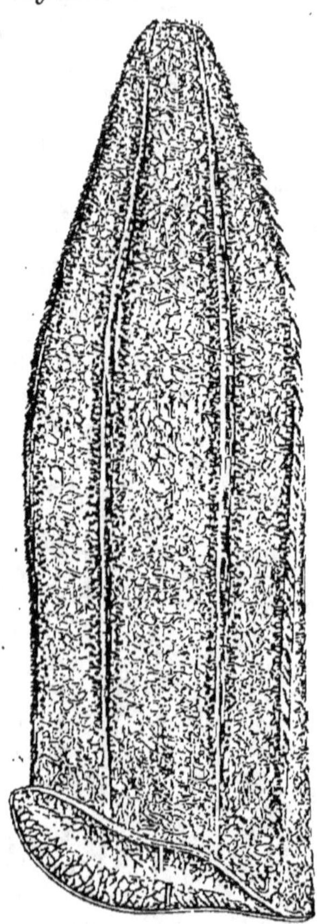

Fig. 15. — Béroé de Forskal.
(Un peu grossi.)

La troisième (fig. 15)
est le Béroé de Forskal
(*Beroe Forskali*), dont la
bouche est très-grande.

C'est à Panceri que
revient l'honneur d'avoir,
le premier, étudié en
détail la faculté photo-
génique chez des Cténo-
phores.

Lorsqu'ils sont aban-
donnés à eux-mêmes,
les Béroés ne brillent que
peu ; par contre, si on
les excite artificiellement,
ils émettent, par leurs
côtes méridiennes, des
éclairs très-vifs, se répé-
tant chaque fois que
l'excitation est renouve-
lée. Si l'on retire de l'eau
un Béroé, qu'on le mette

sur un support plat, et qu'on touche à l'une de ses côtes avec un corps quelconque, l'animal s'illumine, et la lumière présente l'apparence de courants, qui partent du point d'excitation et envahissent rapidement le reste de la côte, produisant deux courants lumineux divergents, si le point stimulé se trouve dans la région médiane de la côte. Ces courants rappellent ceux qui se manifestent chez différents autres animaux marins photogènes.

De minutieuses recherches ont permis à Panceri de s'assurer que la lumière est produite, chez des Cténophores, par une substance particulière de couleur jaunâtre, entourant les troncs vasculaires des huit côtes méridiennes, et contenue dans des vésicules microscopiques de différentes grandeurs; toutefois, certaines espèces présentent des variations à l'égard de la distribution de cette substance.

Les auteurs qui ont parlé de la lumière des Béroés, l'ont décrite comme une lumière d'un vert émeraude ou une lumière très-vive et azurée; mais Enrico Giglioli observa, dans l'Océan Indien et l'Océan Atlantique austral, une vive lumière jaune-rouge chez des Cestes indéterminés. D'après Panceri, les Cténophores de la Méditerranée resplendissent d'une vive luminosité azurée; et on les voit sous cette couleur toutes. les fois que l'œil n'est pas influencé par une autre lumière ; lorsqu'il en est autrement, la luminosité semble verte. Notons cependant que la luminosité de la *Bolina hibernica* diffère un peu de celle des autres Cténophores que Panceri a observés, car elle tire sur le jaune.

Les observations d'Allman nous ont appris un fait important : c'est que dans les Béroés, la lumière se manifeste déjà chez l'embryon, lorsqu'il est encore dans l'œuf. Très-probablement il doit en être ainsi, non-seulement chez les autres Cténophores photogènes, mais chez la plupart des êtres vivants qui possèdent la faculté de produire de la lumière. A cet égard, un vaste champ de recherches est ouvert aux investigations des biologistes.

Plus les mers, à la surface et dans les abîmes, seront explorées par les naturalistes, plus, à n'en point douter, augmentera le nombre des espèces de Coelentérés photogènes. J'indiquerai, à ce sujet, un désidératum. Je voudrais que les différents animaux ramenés du fond des mers, violemment enlevés à leur milieu normal, longtemps traînés dans les dragues et les chaluts, et, par cela même, dans de mauvaises conditions pour émettre de la lumière, fussent, dès leur sortie de l'eau, placés au repos dans des récipients convenables, et soumis un certain nombre de fois, pour chaque espèce, aux divers agents que l'on emploie dans les laboratoires lorsqu'on veut provoquer le phénomène en question chez les êtres photogènes. Cette expérimentation n'est pas exempte de difficultés, par suite des mouvements du bateau, mais les naturalistes sont habitués à vaincre les obstacles.

CHAPITRE VI

ÉCHINODERMES

Jusqu'alors, les Echinodermes chez lesquels on a constaté avec certitude la faculté de produire de la lumière, appartiennent seulement à la classe des Astéroïdes ou Etoiles de mer, et sont peu nombreux en espèces. Parmi les Stellérides, nous connaissons des *Brisinga*, etc., et, parmi les Ophiures, des *Ophiothrix*, *Ophiacantha*, *Amphiura*, etc.

En 1853, P.-C. Asbjoernsen, poète et naturaliste norvégien, eut le bonheur de trouver sur la côte de Norvége, dans le Hardangerfjord, par un fond de cent à deux cents brasses, une Etoile de mer nouvelle pour la science, dont le disque et les bras émettent de la lumière. Complet et intact, ainsi que je l'ai vu une ou deux fois sous l'eau, dans la drague, dit Asbjoernsen, cet animal est singulièrement brillant; c'est une véritable *gloria maris*; et il lui donna le nom générique de *Brisinga*, emprunté à *Brising*, nom de l'étincelant bijou posé sur le sein de Freya, déesse de l'amour et de la beauté dans la mythologie scandinave.

Les *Brisinga* sont des Etoiles de mer d'une

grande beauté, aux bras longs et flexibles. Ils possèdent la propriété, commune chez beaucoup d'autres animaux, de se défaire très-habituellement de leurs appendices, par un fait autotomique, c'est-à-dire par amputation spontanée, lorsqu'ils se sentent pris. On en connaît aujourd'hui plusieurs espèces vivant sous des latitudes fort différentes et, en général, à de grandes profondeurs; entre autres, les *Brisinga endecacnemos* Ashj., *B. coronata* G.-O. Sars, *B. mediterranea* E. Perr., etc. Sans doute, des *Brisinga* se trouvent en très-grande abondance dans certaines régions, et merveilleux doit être le spectacle du fond des mers où ces animaux, à la progression lente, répandent une vive luminosité.

La figure 16 représente le Brisinga couronné (*Brisinga coronata* G.-O. Sars), découvert dans les parages des îles Loffoden, et dont l'aire d'habitat est vaste.

Un zoologiste éminent, Edmond Perrier, a créé dans la famille des Brisingidés les genres *Odinia* et *Freyella*, voisins du genre *Brisinga*, et qui, très-probablement, renferment différentes espèces photogènes, fait constaté chez l'*Odinia elegans* E. Perr., recueilli sur la côte occidentale de l'Afrique, par des fonds de 800 à 1.500

mètres, pendant la mémorable campagne scientifique du navire *Le Talisman*. Tandis que les bras

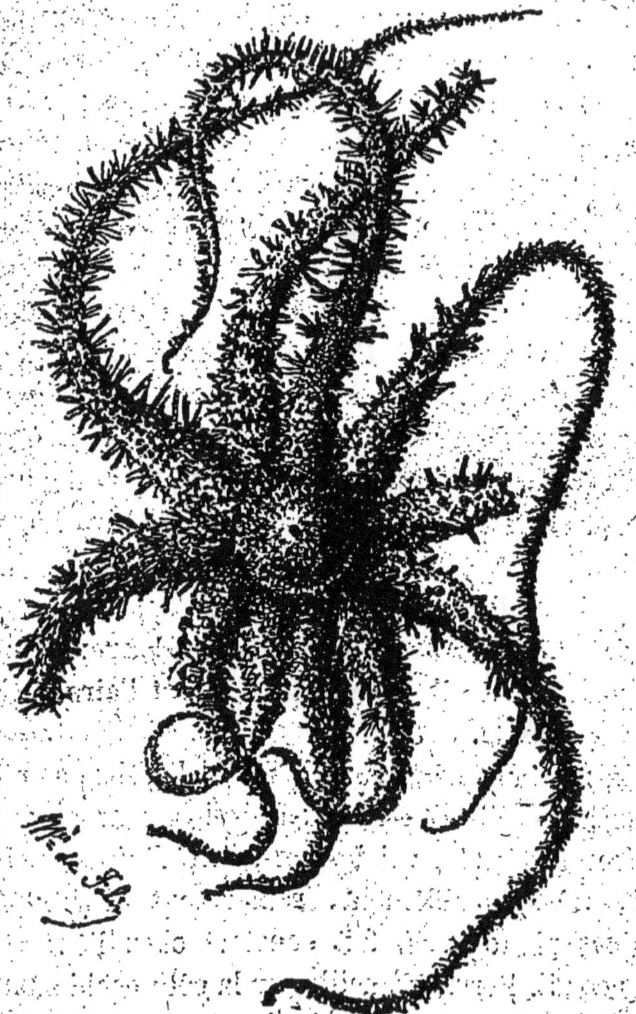

Fig. 16. — Brisinga couronné. (3/5 de grand. natur.)

des *Brisinga* se brisent spontanément et se détachent du disque au moment où on les retire de l'eau, les *Freyella*, dit Edmond Perrier, demeurent parfaitement entières. Les naturalistes à bord du navire *Le Talisman* ont rarement vu leur chalut plus richement orné que le jour où il revint, portant accrochés à ses fauberts et à toutes les parties de ses filets, une quinzaine de ces Echinodermes.

Dans la famille des Ophiuridés, on a observé la propriété photogénique chez une espèce d'*Ophiothrix*, chez l'*Ophiacantha spinulosa* Müll. et Trosch., l'*Amphiura elegans* Leach, etc.

De Quatrefages a décrit la luminosité de petites Ophiures grisâtres, sans indiquer leur nom spécifique. Souvent, dit-il, au moment où l'on touchait à ces petites Ophiures, leurs cinq bras se mettaient de suite en mouvement et devenaient lumineux d'une extrémité à l'autre, mais le disque restait entièrement obscur. La lumière était d'un vert jaunâtre, et l'on voyait distinctement, à l'œil nu, que cette lumière n'était pas uniforme, mais jaillissait surtout des points correspondant aux articulations.

D'après Wyville Thomson, la luminosité de l'*Ophiacantha spinulosa*, d'un vert très-éclatant, beaucoup plus intense chez les individus les plus jeunes, n'est point continue et ne se répand pas à la fois sur toutes les parties de l'animal. De temps en temps une ligne de feu dessine le disque et l'éclaire jusqu'au centre, puis la lueur pâlit, et une zone d'un centimètre de longueur apparaît au centre de l'un des bras, s'avançant lentement jusqu'à sa base, ou bien les cinq bras s'illuminent vers les extrémités, et la lueur s'étend jusqu'au centre.

En résumé, on ne connaît encore qu'un petit nombre d'espèces d'Echinodermes photogènes, fait qui n'a rien d'étonnant, puisque la majeure partie de ces animaux vivent à de plus ou moins grandes profondeurs marines, et, par cela même, ne peuvent se recueillir que dans des conditions toutes spéciales. Leur pouvoir photogénique réclame des études approfondies, au point de vue de la constitution des parties productrices de lumière.

Au commencement de ce chapitre, j'ai dit que, jusqu'alors, l'existence de la faculté photogénique n'avait été reconnue, d'une manière certaine, que dans la classe des Astéroïdes. En effet, si l'on a indiqué, parmi les Echinodermes photogènes, une espèce du genre *Balanoglossus*, — remarquable genre placé très-habituellement parmi les Vers, mais qu'il faut, sans doute, considérer comme représentant une classe spéciale d'Echinodermes : celle des Entéropneustes, — il n'en est pas moins vrai que des doutes s'élèvent encore au sujet de la réalité de son pouvoir photogénique.

Enfin, je rappellerai que l'on rencontre accidentellement, sur le littoral, des Echinodermes ayant cessé de vivre, mais dont la putréfaction n'est pas commencée encore, qui émettent une luminosité produite par des Bactériacées photogènes.

CHAPITRE VII

VERS

Tantôt menant une existence libre dans l'eau salée, dans l'eau douce, dans la terre humide, tantôt sédentaires dans des tubes construits par eux, tantôt vivant à l'état de parasites chez des animaux ou des végétaux, habituellement de taille petite ou moyenne, parfois ayant de microscopiques dimensions, parfois atteignant une grande longueur : tels sont les animaux composant l'embranchement des Vers.

On a, paraît-il, observé le phénomène de la luminosité chez les quatre classes qui constituent cet embranchement : celles des Plathelminthes, Némathelminthes, Annélides et Rotateurs. Toutefois, c'est peut-être par suite d'une fausse interprétation que fut admise l'existence de la faculté photogénique chez les Plathelminthes et Rotateurs, faculté qui est très-commune dans certaines familles d'Annélides Polychètes.

Les Plathelminthes parmi lesquels on a vu le phénomène de la luminosité appartiennent seulement à l'ordre des Turbellariés. Viviani a observé ce phénomène chez une espèce marine qu'il a nommée *Planaria relusa*. Et, d'après de Rochebrune, la luminosité a été constatée chez certaines Planaires dont il n'indique pas les noms spécifiques. J'ignore si de Rochebrune ait allusion, dans son renseignement, à d'autres observations qu'à celle de Viviani ; en tous cas, le pouvoir de produire de la lumière, chez les Turbellariés, est encore très-problématique. Peut-être la luminosité en question était-elle causée par des Bactériacées photogènes? Ce fait est très-possible, et je prie le lecteur de ne pas oublier ces végétalcules, toutes les fois qu'il s'agira d'observations analogues à celles dont je viens de parler.

Aux Némathelminthes de l'ordre des Nématodes se rattache le groupe des Chætognathes, qui contient des animaux allongés, ronds, transparents et pourvus d'une nageoire horizontale située sur les côtés et à l'extrémité postérieure. Des Chætognathes lumineux, des *Sagitta*, dont j'ignore les noms spécifiques, ont été observés par Enrico Giglioli. Ce naturaliste en trouva une espèce dans la rade d'Anjer (Java), et une autre dans l'Atlantique équatorial. La lumière émise par ces *Sagitta* était faible, et se montrait plus vive dans la partie postérieure du corps, près de la queue.

Chez les Annélides Polychètes, le phénomène

de la luminosité est très-fréquent et a été signalé maintes fois.

Essentiellement marines sont les Annélides Polychètes errantes, dont beaucoup ressemblent à des Scolopendres, ont une locomotion sinueuse, et se glissent avec une grande prestesse dans leurs trous et entre les fissures des rochers. On a signalé le pouvoir photogénique chez les genres *Polynoe*, *Acholoe*, *Nereis*, *Pionosyllis*, *Odontosyllis*, *Phyllodoce*, *Tomopteris*, etc., mais les espèces d'un même genre ne sont pas toutes photogènes; du moins, on a constaté ce fait dans le genre *Polynoe*, fait qui probablement n'est pas isolé.

Chez des Annélides étudiées au point de vue de la faculté photogénique, on a reconnu que cette faculté siège dans des cellules à mucus. Ces cellules, d'après Etienne Jourdan, font partie de l'épiderme de la face inférieure de l'élytre, chez le *Polynoe torquata* Clapar., et il est très-probable qu'il en est de même chez les autres Polynoës photogènes. La figure 17 représente le Polynoë aréolé (*Polynoe areolata* Grube), sur lequel on distingue très-nettement la double rangée des grandes écailles dorsales, désignées sous le nom d'élytres. Ce Polynoë se rencontre dans la Méditerranée. J'ignore s'il est photogène.

En tous cas, sa configuration générale est très-analogue à celle de Polynoës jouissant de la faculté photogénique, et, par cela même, cette espèce donne une excellente idée de ces derniers.

Au nombre des Annélides Poly-chètes sédentaires douées de cette faculté, il faut citer des *Chaeto-pterus, Polycirrus, Spirographis,* etc. Les Chaetoptères, divisés en régions de configuration différente, offrent un aspect singulier, comme on le voit sur la figure 18, qui représente une espèce photogène : le Chaetoptère variopède (*Chaetopterus variopedatus* Clapar.), habitant dans un tube parcheminé, et vivant dans la Méditerranée.

Fig. 17.— Polynoë aréolé. (1 et 1/2 de grand. natur.)

Chez les Annélides Polychètes errantes et séden-taires douées du pouvoir photogénique, les cel-lules productrices de la substance photogène sont disséminées dans diverses régions de l'animal, soit dans les élytres, soit dans les antennes, soit dans d'autres appendices du corps, soit dans la peau.

Non-seulement la faculté de produire de la lumière est largement répandue chez les Anné-lides Polychètes arrivées à la dernière phase de

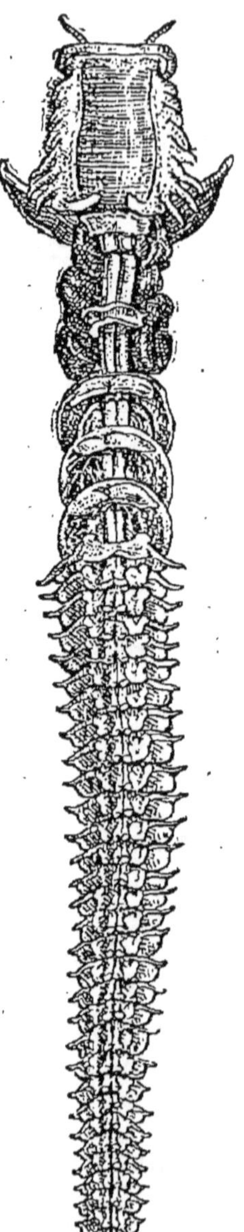

Fig. 18. — Chaetoptère variopède. (2/3 de grand. natur.)

leur développement, mais cette faculté a été observée aussi chez certaines larves d'entre elles, et il est très-probable que les larves de la plupart des espèces photogènes de cet ordre produisent une luminosité. Mon regrettable ami, H.-A. Robin, a constaté ce phénomène chez des larves polytroques d'Annélides Polychètes indéterminées, avant la différenciation des tissus d'origine mésodermique.

On a observé la faculté photogénique chez des Annélides Oligochètes de la famille des Lombricidés. Voici, à cet égard, quelques-uns des documents que possède la science :

Une des premières observations concernant la luminosité de Lombricidés a été faite par de Flaugergues, qui vit ce phénomène chez des Lombrics, au mois d'octobre des années 1771, 1775 et 1776. Il observa que la lumière émanait principalement de la partie de l'animal où est située la ceinture ou clitellum, organe génital secondaire, bourrelet passager de nature éminemment glanduleuse, qui atteint son volume maximum à l'époque de la ponte.

En 1837, Moquin-Tandon examina, en compagnie de Saget, un grand nombre de petits animaux lumineux, dans une allée d'un jardin, à Toulouse, pendant une soirée très-chaude de l'été. Les deux observateurs constatèrent, d'une façon positive, que c'étaient des Lombrics. Ces animaux avaient une longueur de 40 à 50 millimètres environ. La lumière qu'ils émettaient paraissait blanchâtre et ressemblait beaucoup à celle du fer chauffé à blanc. Lorsqu'on écrasait l'un de ces Vers avec le pied, le sol présentait une place lumineuse comme s'il avait été frotté avec du phosphore. Chacun de ces Lombrics montrait un clitellum assez développé, fait prouvant que les individus étaient adultes et à l'époque de la reproduction. Moquin-Tandon conserva quelques-uns de ces Vers pendant plusieurs jours. Il observa que leur propriété photogénique avait son siége dans le clitellum, et que cette faculté cessait immédiatement de se manifester après l'accouplement.

Dans la même année, Dugès fit connaître une espèce nouvelle de Lombric, trouvée par lui en assez grande quantité dans la tannée d'une serre chaude, au Jardin-des-Plantes de Montpellier, espèce qu'il décrivit brièvement sous le nom de *Lumbricus phosphoreus*. Elle m'a été décelée, dit-il, par l'humeur lumineuse qu'elle excrète de la surface de son corps, et qui est sans doute analogue à l'humeur colorée que rejettent par leurs pores dorsaux tant de Lombrics.

Très-probablement, les Lombrics observés par Moquin-Tandon et Saget étaient de cette espèce.

En 1840, Forester écrivit à l'Académie des Sciences de Paris qu'il avait vu, par une nuit obscure et très-pluvieuse, un grand nombre de Lombrics émettant une lumière blanche comparable à celle du fer chauffé à blanc.

Cohn a fait mention de la luminosité d'une espèce de Lombric qui ne fut pas nommée d'une façon précise.

Par contre, Vejdovsky observa ce phénomène, pendant une chaude nuit de juillet, chez une espèce exactement déterminée : le *Lumbricus fœtidus* Sav.

Au cours des mois d'août et de septembre 1887, Alfred Giard observa dans un jardin assez éloigné de la mer, à Wimereux (Pas-de-Calais), dans les chemins longeant les plates-bandes remplies de terreau venant des serres d'un horticulteur de Boulogne, un Lombric photogène qu'il rapporta au *Lumbricus phosphoreus* Dugès, qu'il décrivit d'une façon étendue, et pour lequel il créa un nouveau genre faisant partie du groupe des Lombriciens postclitelliens, d'Edmond Perrier : le genre *Photodrilus*, voisin du genre *Plutellus* et surtout du genre *Pontodrilus*.

Il suffisait, le soir, principalement par les temps humides, de piétiner ou de racler le gravier des chemins pour obtenir, dit-il, un spectacle féerique : une foule de points lumineux d'un beau vert opalescent s'allumaient aussitôt. Ces points étaient de dimensions inégales; les plus gros produisaient une lumière aussi intense que celle de nos Lampyres, et visible même dans une chambre éclairée par une bonne lampe. Si l'on prenait l'un de ces points, et si on le frottait entre les mains, on rendait en peu de temps lumineuses les deux faces palmaires. Dans le voisinage de chaque point ou de chaque traînée lumineuse, on trouvait un petit Lombric, qui, le plus souvent, ne présentait aucune blessure, malgré le procédé un peu brutal employé pour le découvrir.

D'après Alfred Giard, le *Lumbricus phosphoreus* a une longueur de 45 à 50 millim., sur une

largeur de 1 $^m/_m$ 5 (2 $^m/_m$ dans la région clitel-
lienne). Il possède cent-dix anneaux environ. Sa
couleur est d'un gris-rose, orangée au clitellum.
Sa peau est assez transparente pour laisser voir
les organes internes et un riche système vascu-
laire.

Dans la région antérieure de l'animal (anneaux
5 à 9) l'œsophage est recouvert latéralement et
dorsalement par des glandes volumineuses, qui
vont en décroissant d'avant en arrière; la plus
petite est située dans le neuvième anneau. Malgré
la place qu'ils occupent contre l'intestin, ces
organes ne sont pas des glandes digestives; ils
débouchent à l'extérieur, du côté dorsal, et
Alfred Giard croit que c'est à leur sécrétion qu'il
faut attribuer la propriété photogénique du *Lumbricus phosphoreus.*

La luminosité du Lombric phosphoré a été
constatée de nouveau, tout récemment, par un
autre naturaliste, R. Moniez. Dans les derniers
jours de septembre 1888, il observa dans un jardin, à Lille, par un temps humide, vers
dix heures du soir, une lumière émise par de
nombreux individus de cette espèce, lumière
aussi vive et de même teinte que celle du Ver-
luisant. Lorsqu'on les maniait, ces petits animaux
communiquaient aux doigts leur propriété lumi-

neuse, et la substance photogène, si on la plaçait sur les vêtements, y brillait aussi. Une pluie abondante mit fin à ce phénomène, qui ne se produisit plus pendant les quelques heures suivantes, malgré la cessation de la pluie. Vers la même heure, le surlendemain, reparut une luminosité aussi vive, qui persista pendant une demi-heure environ. Dans ces deux cas, la luminosité des individus enfermés dans un tube, s'éteignait en moins d'un quart d'heure.

R. Moniez a constaté une même production de lumière, chez la même espèce, dans les derniers jours de décembre 1888, ce qui prouve que la fonction photogénique de ce Lombric se produit à des époques assez éloignées.

Très-probablement, la luminosité du *Lumbricus phosphoreus* ne doit pas être un phénomène rare, mais il n'en est pas de même pour le *Lumbricus foetidus*. En effet, cette espèce est fort commune, et cependant sa luminosité n'a été signalée que très-exceptionnellement, fait inexpliqué jusqu'alors d'une manière satisfaisante, et qui mérite une grande attention de la part des biologistes. Peut-être cette manifestation lumineuse, si rarement observée, est-elle due à un phénomène d'atavisme indiquant l'existence lointaine, chez le Lombric fétide, de la propriété photogénique, dont cette espèce est normalement dépourvue aujourd'hui?

Parmi les Annélides Oligochètes, la famille des Lombricidés n'est pas la seule où fut constatée la faculté photogénique, car Allen Harker a observé ce pouvoir dans la famille des Enchytracidés, chez un *Enchytraeus*, vu en très-grand nombre dans un marais tourbeux du comté de Northumberland (Angleterre). Ces animaux, apportés dans une chambre obscure et frottés doucement, luisaient comme de fines raies de phosphore.

Enfin, dans la classe des Rotateurs, la luminosité a été signalée chez le *Synchaeta baltica* Ehr., mais il est possible que cette apparence lumineuse était due à des Bactériacées photogènes.

CHAPITRE VIII

ARTICULÉS

Des divers embranchements composant le monde animal, c'est à tous égards celui des Articulés ou Arthropodes qui renferme le plus grand nombre d'espèces, — plusieurs centaines de mille, — dont la forme, l'organisation, la biologie, très-diversifiées, constituent de captivants sujets de recherches pour l'homme de science et pour l'ami de la nature.

Parmi les cinq classes en lesquelles on a subdivisé les Articulés : celle des Crustacés contient un nombre assez élevé d'espèces photogènes; dans la classe des Arachnides, c'est sans doute par suite d'une erreur ou d'une fausse interprétation que l'on a signalé le pouvoir photogénique chez des animaux y appartenant; la classe des Myriopodes contient un nombre bien limité de types spécifiques photogènes; et celle des Insectes est riche en espèces qui ont la faculté de produire de la lumière.

CRUSTACÉS

Parmi les observations relatives au pouvoir photogénique chez les Crustacés, certaines sont fort douteuses, l'animal n'étant point, très-probablement, lumineux par lui-même, tandis que d'autres ont les caractères de précision qu'exigent les naturalistes sérieux.

Eydoux et Souleyet ont observé le pouvoir photogénique chez de petites espèces de Crustacés inférieurs fourmillant dans la mer, surtout chez une très-petite espèce qui a deux valves, et possède ce pouvoir à un haut degré.

D'après ces deux savants, les petits Crustacés photogènes qu'ils observèrent peuvent émettre la substance lumineuse à l'extérieur, dans certaines circonstances, surtout quand ils sont irrités d'une manière quelconque; ils lancent alors de véritables jets, des fusées de matière lumineuse en assez grande quantité pour former autour d'eux une atmosphère brillante dans laquelle ils disparaissent. Nous avons pu, disent-ils, recueillir une certaine quantité de cette matière lumineuse sur les parois du vase qui contenait un grand nombre de ces Crustacés.

On a dit aussi que la luminosité a été observée chez d'autres Crustacés inférieurs : *Cyclops brevicornis*, *Sapphirina fulgens* Thomps., etc. Il est positif qu'il existe des Sapphirines photogènes, par contre, la luminosité remarquée chez le *Cyclops brevicornis*, etc., ne devait pas être personnelle. Dans de tels cas, la lumière est due probablement à des êtres vivants inférieurs doués du pouvoir photogénique. Je citerai à cet égard l'observation suivante : Les Talitres, petits Crustacés si abondants sur notre littoral, et que nos pêcheurs désignent sous le nom de « Puces de mer » en raison des sauts qu'ils font, peuvent devenir lumineux par le contact de l'eau de mer présentant ce phénomène, quand il est dû à des Noctiluques miliaires ; c'est là, d'après de Quatrefages, qui eut occasion de l'observer, un fait dont il faut tenir compte ; car, au premier abord, on pourrait être tenté de croire que ce sont les Talitres qui possèdent la propriété photogénique. Rien de plus curieux, ajoute de Quatrefages, que de voir ces Talitres fuir par centaines, en présentant l'aspect d'autant de petites étincelles.

Arrivons maintenant aux Crustacés incontestablement photogènes. Ils appartiennent aux ordres des Schizopodes et Décapodes, et c'est tout particulièrement aux expéditions scientifiques pour explorer les mers que nous devons la connaissance de ces curieux animaux.

Parmi les Schizopodes, la faculté photogénique a été reconnue dans les familles des Mysidés, Euphausiidés et Lophogastridés ; celle des

Euphausiidés étant la plus importante au point de vue qui nous occupe.

Les organes particuliers des *Euphausia*, nommés par G.-O. Sars « globules lumineux », et que l'on a désignés aussi sous le nom de « photosphères », avaient déjà été, en partie, l'objet d'examens et de descriptions attentifs avant les recherches de cet éminent naturaliste, auxquelles j'ai eu recours.

Les organes en question furent généralement regardés comme jouant un certain rôle dans la fonction visuelle, d'où le nom d' « yeux accessoires » qui leur fut donné. Mais G.-O. Sars ayant soigneusement examiné ces organes, à la fois chez des spécimens conservés dans l'alcool et chez des individus vivants, fut conduit à se faire une opinion très-différente, voyant uniquement en eux des organes photogènes très-différenciés.

Dans toutes les espèces du genre *Euphausia*, de même que chez la plupart des autres Euphausiidés, ces organes photogènes se présentent sous la forme de petits globules, très-visibles chez l'animal vivant, en raison de leur beau pigment rouge et de leur étincelant éclat. Ils sont situés d'une façon symétrique à la partie antérieure et à la partie postérieure de l'animal. Au

thorax, on observe deux paires de ces globules : la première située dans le joint coxal
de la première paire de pattes; la seconde, dans
une dilatation correspondante, provenant de la
base de l'avant-dernière paire de branchies. A
l'abdomen, ils sont situés sur la ligne médiane
de la face ventrale, entre les bases des pléopodes,
chacun des quatre segments abdominaux antérieurs possédant un globule. Outre ces différents
globules, on peut voir, dans le pédoncule des yeux,
un organe d'une apparence quelque peu semblable, quoique moins complétement développé.
A l'exception de ce double organe photogène,
tous les autres paraissent avoir la même structure. Les globules photogènes les plus faciles à
examiner sans dissection sont ceux de la paire
postérieure du thorax, par suite de leur situation
tout à fait externe, immédiatement au-dessous
du bord inférieur de la carapace.

Lorsqu'on a isolé ces globules photogènes, on
voit qu'ils consistent en des corpuscules parfaitement globuleux et d'une structure très-complexe, offrant, en raison de plusieurs particularités,
une grande ressemblance avec la structure des
yeux, chez les Vertébrés. Malgré cette ressemblance, les recherches de G.-O. Sars, faites
sur le vivant, l'ont convaincu que pas un de

ces organes ne sert dans la fonction visuelle, ne joue le rôle d'œil accessoire, mais que tous ces organes constituent, par leur ensemble, un appareil d'éclairage très-complexe et très-développé. Nous verrons tout à l'heure un doute à cet égard.

La luminosité d'Euphausiidés a été fréquemment observée pendant le voyage du *Challenger*. Tous les organes photogènes des animaux en question sont très-visibles à l'œil nu. Les plus vives lueurs se manifestent quand le Crustacé vient d'être sorti de la mer, et les lueurs subséquentes sont de moins en moins vives, jusqu'à ce que l'animal paraisse perdre la faculté d'émettre de la lumière. Quand il est mourant, tout son corps est fréquemment éclairé par une lumière diffuse.

Au mois d'août 1880, Murray eut l'occasion d'observer à la surface de la mer, dans le détroit des Féroë, pendant la nuit, de grandes taches et de longues bandes d'une eau d'apparence laiteuse. Les filets en rapportèrent, par considérables quantités, un Crustacé de la famille des Euphausiidés : le *Nyctiphanes norvegica* G.-O. Sars, et l'apparence particulière de l'eau semblait être due à la lumière diffuse émise par cette espèce.

L'appareil d'éclairage, formé par la réunion des organes photogènes en question, appareil si uniformément développé chez la plupart des autres Euphausiidés, présente, dans le genre *Stylocheiron*, certaines particularités bien marquantes; toutefois, je n'en parlerai pas, croyant inutile d'insister davantage sur les organes photogènes, dans cette famille de Crustacés vivant à la surface des mers.

Si, comme le dit G.-O. Sars, très-compétent à ce sujet, les organes photogènes des Euphausiidés sont uniquement des organes d'éclairage, toutefois, la fonction photogénique et la fonction visuelle peuvent coexister dans les yeux, chez d'autres Crustacés. A cet égard, voici une importante observation faite à bord du navire *Le Talisman* : Un soir, dit Edmond Perrier, la mer étant toute parsemée de points lumineux semblables à des étoiles, de l'eau fut recueillie, et nous reconnûmes bientôt que les étoiles qui la rendaient lumineuse n'étaient autre chose que les yeux d'innombrables petits Crustacés, probablement de jeunes *Mysis*. Ces animaux examinés le soir, au microscope, en l'absence de lumière, éclairaient le champ de l'instrument. Mais ce qui frappait aussitôt, et ce que nous avons pu constater, grâce à notre jeune collaborateur, Georges

Poirault, c'est que l'œil lui-même demeurait obscur ; il était simplement enchâssé dans une calotte lumineuse, et dès lors il pouvait répandre une luminosité autour de lui, et ne recevoir que de la lumière réfléchie. Un œil peut donc cumuler les fonctions d'organe de vision et d'organe d'éclairage. Le fait, ajoute Edmond Perrier, que l'œil émet de la lumière, n'entraîne pas, comme semble le penser G.-O. Sars, qu'il cesse d'être impressionné par la lumière extérieure. Il n'est donc pas démontré que les globules photogènes des *Euphausia* et des *Gnathophausia* ne servent pas à voir ; mais eussent-ils perdu cette faculté en acquérant la faculté exactement contraire, celle d'éclairer, ils n'en demeureraient pas moins des organes équivalents à des yeux.

Les *Gnathophausia* appartiennent à la famille des Lophogastridés. Ils habitent les grands fonds marins, offrent la particularité d'avoir une carapace qui est rostrée en avant et en arrière, et portent un organe photogène sur chacune des mâchoires de la seconde paire. La figure 19 représente le *Gnathophausia zoea* Will.-Suhm, d'une couleur pourpre, espèce que l'on trouve dans l'Atlantique et le Pacifique.

En résumé, parmi les Schizopodes, les familles des Mysidés, Euphausiidés et Lophogastridés renferment un certain nombre d'espèces douées de la faculté photogénique.

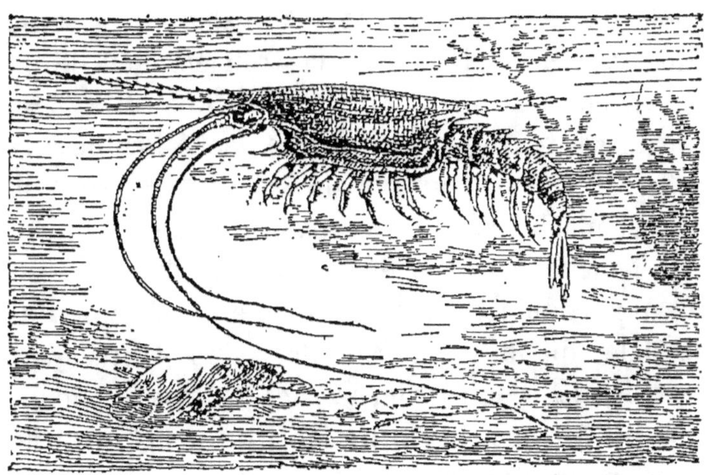

Fig. 19. — Gnathophausie zoë. (Grand. natur.)

Parmi les Crustacés Décapodes, il existe, chez les Macroures, les Anomoures et les Brachyures, des espèces qui possèdent la même faculté.

Pendant le voyage scientifique du navire *Le Talisman*, on a recueilli, à partir de 500 mètres de profondeur, un Crustacé Macroure : l'*Acanthephyra pellucida* A. Milne-Edw., qui peut projeter autour de lui une vive lumière, à l'aide d'un ensemble d'organes d'éclairage dont voici l'énumération : 1° le bord antérieur d'une écaille protégeant extérieurement les yeux ; 2° une ligne le long du bord externe du tarse de la cinquième paire de pattes ; une tache ovale à la base interne de ce tarse ; une autre à la base de l'article qui le précède ; 3° une tache semblable à la base du deuxième article de la troisième et de la quatrième paires de pattes, et une à la base du tarse de ces pattes ; 4° une tache longue à la base du dernier article de la dernière paire de pattes-mâchoires ; 5° une bande transversale sur la hanche des dernières pattes thoraciques ; 6° une double ligne de points à chacun des articles du fouet externe des pattes thoraciques et de la lame externe des pattes abdominales ; 7° une ligne le long du fouet externe des antennules ; une ligne, continue en arrière, pointillée en avant, parallèle au bord inférieur de la carapace et un peu au-dessus de ce bord. Tel est le complexe appareil d'éclairage de l'*Acanthephyra pellucida*, grâce auquel cet animal doit pouvoir être distingué dans son ensemble, lorsqu'il se trouve en des endroits obscurs. Sans doute, des espèces affines possèdent aussi un appareil d'éclairage plus ou moins analogue.

Il existe des *Leucifer* photogènes ; les *Aristeus* ont des yeux lumineux d'un magnifique éclat ; etc.

Chez les Décapodes Anomoures, la fonction photogénique des yeux a été constatée dans le genre *Munida*.

Enfin, parmi les Décapodes Brachyures, on a signalé la très-vive lumière que répandent les yeux du *Geryon tridens* Kroyer.

Chez les *Aristeus*, comme dans ce *Geryon*, l'œil paraît être à la fois un foyer où se produit de la lumière, et un organe récepteur des radiations lumineuses; nous avons vu plus haut que les yeux de petits Crustacés, probablement de jeunes *Mysis*, jouaient ce double rôle; et il doit sans doute en être de même dans les genres *Munida* et *Dorynchus* (Brachyure), et très-probablement aussi chez d'autres genres encore.

Quant à la manifestation accidentelle de lueurs chez des Crustacés qui ont cessé de vivre, nous savons qu'elle est due à des Bactériacées photogènes.

ARACHNIDES

Dans la classe des Arachnides, on n'a observé jusqu'à ce jour, du moins à ma connaissance, aucun fait certain relativement à la faculté photogénique. D'après Grimm, en comprimant le corps de Scorpions de Ceylan, on en fait sortir un liquide lumineux, et Tilesius a figuré, parmi les animaux contribuant au phénomène de la luminosité de la mer, quelques Articulés qui paraissent être des Hydrachnides; mais, selon moi, ces deux observations sont très-probablement erronées.

MYRIOPODES

Les Myriopodes, vulgairement désignés sous le nom de « Mille-pieds », sont des animaux uniquement terrestres. On les rencontre sur tout notre globe. Dans les contrées froides et tempérées, le nombre des espèces n'est pas très-élevé; mais ce nombre augmente de beaucoup dans les régions chaudes, où des espèces atteignent de respectables dimensions et ont une morsure venimeuse.

Jusqu'alors, la famille des Géophilidés, qui fait partie des Myriopodes Chilopodes, est la seule où l'on connaisse avec certitude des espèces photogènes, dont le nombre est jusqu'ici bien limité; mais il est fort probable que la faculté photogénique doit être largement répandue dans cette famille.

Les Géophilidés ont une forme linéaire, habituellement une coloration générale d'un jaune un peu brunâtre ou assez clair, et une progression sinueuse et rapide. Les espèces de cette famille actuellement reconnues comme photogènes, sont les *Orya barbarica* Gerv., *Stigmatogaster subterraneus* Leach, *Orphnaeus brevilabiatus* Newp., *Scolioplanes crassipes* C. Koch, et deux espèces de *Geophilus* que Macé a cru devoir être les *Geophilus simplex* Gerv. et *G. longicornis*

Leach. La figure 20 représente une de ces espèces photogènes : le Scolioplane crassipède (*Scolioplanes crassipes*).

Outre ces quelques Géophilidés photogènes, on a signalé le phénomène de la luminosité dans une autre famille de Myriopodes Chilopodes, chez la *Scolopendra morsitans*, nom sous lequel les auteurs un peu anciens ont confondu différentes espèces de Scolopendres, et chez un Myriopode Chilognathe du genre *Iulus*; mais je n'ai pas de confiance dans la réalité de ces observations, probablement, ou le résultat d'une interprétation

Fig. 20. — Scolioplane crassipède.(Double de grand. natur.)

inexacte, c'est-à-dire que ces deux animaux n'étaient pas lumineux par eux-mêmes, ou le résultat d'une confusion.

Dans ces dernières années. Raphaël Dubois, Macé et J. Gazagnaire ont étudié la fonction photogénique chez les Géophilidés; malheureusement, ces savants ne sont pas d'accord sur le siége de la luminosité dans cette famille de Myriopodes Chilopodes.

Raphaël Dubois a fait des observations sur un nombre assez grand de *Scolioplanes crassipes*

lumineux, des deux sexes. Il rencontra ces animaux en Allemagne, près de la ville d'Heidelberg.
Les premiers qu'il vit étaient des individus
errants, qui traversaient un chemin bordé de
cultures maraîchères, dans une vallée; les autres
étaient tapis sous des tas d'herbes et de terre
situés le long de ce chemin et sous des amas de
feuilles mortes d'une houblonnière. En fouillant
dans ces endroits, on voyait parfois de véritables
fusées de lumière partir d'un point, et des taches
lumineuses persister pendant quelques secondes
sur les corps environnants ou sur les doigts qui
les touchaient; alors, on rencontrait toujours,
dans le voisinage, un Scolioplane lumineux. Il
était beaucoup plus facile d'observer la luminosité
sur les individus errants, que Raphaël Dubois
trouva par un temps sec, tempéré, sans clair de
lune. La lumière émise par ces Myriopodes était
facilement visible à une dizaine de pas et assez
forte pour permettre de distinguer facilement
des caractères d'imprimerie ou l'heure à une
montre; elle était plus verdâtre que celle du
phosphore, un peu moins que celle des Pyrophores. Elle émanait de deux sources différentes :
du corps de l'animal et de points assez rapprochés, mais isolés, que l'animal laissait après lui
en marchant, sur une longueur de plusieurs cen-

timètres; ces points ne tardaient pas à s'éteindre successivement, et la luminosité de chacun d'eux ne persistait guère plus de dix à vingt secondes. Ayant placé sur un morceau de papier l'un des Scolioplanes qu'il venait de capturer, Raphaël Dubois put constater, à l'aide d'une forte loupe, que les parties lumineuses abandonnées par l'animal se composaient de très-petites agglomérations plus ou moins irrégulièrement contournées, rappelant par leurs formes les excréments de certains Insectes; la matière dont ces agglomérations étaient formées avait l'aspect de particules sableuses extrêmement fines, reliées entre elles par une matière visqueuse. La substance lumineuse ne sortait pas de toute la surface du corps, mais seulement de l'extrémité postérieure. Le Scolioplane, mis sur le papier, semblait éprouver une certaine difficulté pour détacher les parties adhérentes à la portion postérieure du dernier anneau, et, par les mouvements rapides des appendices terminaux de cette partie du corps, il semblait chercher à vaincre une résistance. Raphaël Dubois a constaté que l'animal émet par tous les points de son corps une lumière qui lui est propre. Le foyer lumineux occupe toute la longueur du corps, à l'exception de la tête. La luminosité est un peu plus forte et plus persistante à l'extrémité antérieure, et surtout à l'extrémité postérieure, mais elle est particulièrement brillante au niveau des endroits amincis des téguments, principalement au point de réunion des plaques chitineuses ventrales et dorsales et à la face inférieure du corps.. Quand l'animal n'est plus que faiblement éclairant, la luminosité se restreint à une ligne dont la direction et l'étendue correspondent à celles du tube digestif. Pour Raphaël Dubois, la substance photogène est contenue dans les cellules épithéliales de l'intestin, cellules dont la fonte met en liberté la substance en question. Par suite, d'après lui, la luminosité de ces animaux est intimement liée à une mue du tube digestif. Depuis l'époque de la publication de ces observations, il a constaté que, dans certaines circonstances, la sécrétion de matière lumineuse peut se faire par des pores des téguments, qui correspondent peut-être à des glandes, mais ce distingué savant m'écrit qu'il n'est pas fixé sur ce point. Dans tous les cas, ajoute-t-il, le corps du Myriopode peut briller sans qu'il se montre à l'extérieur aucune trace de sécrétion.

Pour Macé, la luminosité a son siége dans les téguments, et la substance photogène est contenue dans une sécrétion produite par des amas glandulaires localisés, qui, chez les deux espèces observées par lui, et que j'ai indiquées précédemment, sont situés dans les deux segments postérieurs de l'animal. Macé donna le nom de « glandes préanales » à ces glandes, connues avant lui chez de nombreux Géophilidés. Il n'eut pas l'occasion de constater si elles existaient chez les mâles, et supposa que la luminosité pourrait être un privilége exclusif de la femelle. Nous savons que ces glandes existent chez les deux sexes, et que les deux sexes des espèces photogènes sont lumineux, du moins ce fait a été constaté chez le *Scolioplanes crassipes* par Raphaël Dubois, chez l'*Orya barbarica* par J. Gazagnaire, et il doit être général chez les Géophilidés photogènes. Macé a eu le tort de localiser dans les glandes préanales la sécrétion de la substance photogène.

Enfin, pour J. Gazagnaire, la luminosité chez l'*Orya barbarica*, qu'il a observée, et chez les autres espèces de Géophilidés photogènes, est due à une sécrétion cutanée, produite par des organes glandulaires répandus à la face ventrale de l'animal et débouchant par des pores à l'extérieur. D'après le même savant, la substance photogène que sécrète l'*Orya barbarica* émet une lumière intense, assez persistante et d'un bleu verdâtre. Par suite de sa viscosité, cette substance s'attache

aux objets en contact avec elle et les rend lumineux pendant quelques instants.

INSECTES

On a divisé en treize ordres la classe des
Insectes, et parmi ces treize ordres, j'en connais
seulement trois : ceux des Coléoptères, Diptères
et Thysanoures, qui renferment des espèces
douées certainement du pouvoir photogénique ;
l'existence de cette faculté n'est que probable
chez les ordres des Hémiptères et Pseudo-
Névroptères ; parmi ceux des Lépidoptères et
Hyménoptères, elle est très-douteuse ; enfin, dans
l'ordre des Orthoptères, la luminosité vue, paraît-
il, chez une Courtilière vulgaire (*Gryllotalpa
vulgaris* Latr.) ne devait pas, presque sûrement,
avoir été produite par l'Insecte lui-même.

THYSANOURES

A l'égard de la faculté photogénique, dans
l'ordre des Thysanoures, je ne connais que les
deux observations suivantes, faites l'une et l'autre
sur des Insectes appartenant à la famille des Po-
duridés et au genre *Lipura* :

En 1850, Allman fit savoir qu'il avait observé
la luminosité chez des *Lipura fimetaria* L., au
mois de février, près de Dublin.

Dans le courant d'octobre 1886, Raphaël Dubois trouva des *Lipura* lumineux, précisément à la même époque et dans la même localité que les Myriopodes (*Scolioplanes crassipes*) lumineux dont j'ai parlé précédemment, c'est-à-dire aux environs de Heidelberg. En remuant l'humus d'une houblonnière, il fut surpris de voir que le sol était parsemé de très-petites étoiles lumineuses, assez brillantes pour être distinguées nettement à 40 centimètres de distance environ, par une nuit obscure (il était à peu près 9 heures du soir). Ces petites lumières étaient si nombreuses par places, que l'on aurait pu se croire sur une plage garnie en abondance de Noctiluques. Ayant recueilli des parcelles de terre où se trouvait l'un de ces points brillants, il put, à l'aide d'une loupe, constater la présence d'un petit Insecte d'un blanc mat, long de 2 à 3 millimètres. Après avoir, dans un verre de montre, rassemblé un certain nombre d'individus semblables, il vit qu'ils possédaient la faculté d'émettre de la lumière et qu'ils la conservaient jusqu'à leur mort. Raphaël Dubois les observa pendant plusieurs jours consécutifs, et il lui fut impossible de découvrir la moindre localisation de foyer lumineux; tout le corps de l'Insecte paraissait brillant, et la lumière était bleuâtre.

D'après cet éminent savant, les Insectes en question se rapprochent du *Lipura ambulans* Lubbock, mais doivent plutôt être considérés comme appartenant au *Lipura armata* Tullberg. Tout le tissu adipeux de ces *Lipura* photogènes est susceptible, selon lui, de devenir lumineux.

PSEUDO-NÉVROPTÈRES

Hagen a signalé le phénomène de la luminosité chez un Pseudo-Névroptère de la famille des Ephéméridés, chez le mâle d'une espèce du genre *Caenis*, observation faite en Prusse; et Eaton fit savoir que G. Lewis avait recueilli à Ceylan un Insecte de la même famille, dont tout l'abdomen luisait suffisamment pour permettre de capturer, pendant la nuit, l'Insecte en question, qui était probablement le mâle du *Teloganodes tristis* Hag.

HÉMIPTÈRES

Parmi le sous-ordre des Hémiptères Homoptères, la famille des Fulgoridés renferme plusieurs espèces douées peut-être de la faculté photogénique.

L'observation la plus connue, relativement à la propriété lumineuse du prolongement céphalique de certains Fulgoridés, est celle que publia Marie-Sibylle Mérian, peintre-naturaliste distinguée, sur le Fulgore porte-lanterne (*Fulgora laternaria* L.), représenté par la figure 21. Cet Insecte est d'un

Fig. 21. — Fulgore porte-lanterne.
(Grand. natur.)

jaune verdâtre, varié de brun. A la partie antérieure existe un prolongement céphalique assez
considérable, creux, horizontal, et d'une largeur
à peu près égale à celle de la tête. Les ailes
inférieures montrent, près de leur extrémité, une
grande tache ocellée jaune, entourée d'un cercle
brun. Au centre de cette tache on en voit deux
autres, brunes, arrondies, de taille différente, dont
la plus petite est celle qui a une situation postérieure, quand les ailes inférieures sont déployées.
Une abondante sécrétion cireuse blanche se
montre sur le prolongement céphalique, sur les
ailes, où elle produit une infinité de petites ma-
cules, et sur l'abdomen, particulièrement sur les
derniers segments, où elle s'accumule au point
de former de véritables flocons. Cette espèce habite
le Brésil et la Guyane.

A côté des Fulgores se trouvent les Hotines,
caractérisés par leur long prolongement céphalique de forme tubuleuse, creux, arqué en dessus,
et arrondi à son extrémité. Le plus connu d'entre
eux est le Hotine porte-chandelle (*Hotinus can-
delarius* L.), très-commun dans la Chine méridionale, et qui habite aussi dans l'Inde. La
figure 22 le représente.

L'observation la plus connue, à l'égard de la
luminosité du prolongement céphalique de Ful-

goridés, a été faite, comme je le disais tout à
l'heure, par Marie-Sibylle Mérian, sur le Fulgore

Fig. 22. — Hotine porte-chandelle.
(Grand. natur.)

porte-lanterne, dans la Guyane hollandaise, et
publiée dans son magnifique ouvrage sur les
métamorphoses des Insectes de Surinam.

Voici ce que dit Mérian, à propos du prolongement céphalique de cette espéce :
/ La lueur qui sort de cette vessie pendant la nuit ressemble à la lumière d'une lanterne, en sorte qu'il ne serait pas difficile d'y lire un livre d'un caractère semblable à celui de la Gazette de Hollande. Quelques Indiens m'ayant apporté un jour un grand nombre de ces Porte-lanterne, je les renfermai dans une grande boîte, ignorant alors qu'ils jetaient cette lumière. La nuit, entendant du bruit, je sautai du lit et je fis apporter une chandelle; je trouvai bientôt que le bruit venait de cette boîte que j'ouvris avec précipitation; mais, effrayée d'en voir sortir une flamme, ou, pour mieux dire, autant de flammes qu'il y avait d'Insectes, je la laissai d'abord tomber; revenue de mon étonnement ou plutôt de ma frayeur, je rattrapai tous mes Insectes, dont j'admirai la vertu singulière.

Depuis cette observation, publiée en 1705, la science a enregistré des documents absolument contradictoires sur la luminosité du prolongement céphalique de Fulgoridés. En voici d'affirmatifs et de négatifs.

Un médecin en chef de la marine française, Moufflet, a dit avoir observé dans le mois de juin, auprès de Soleda (Mexique), des Fulgores porte-lanterne qui, le soir, brillaient d'une assez vive lumière émanant du prolongement céphalique. Malheureusement, il n'indiqua pas la couleur de cette lumière, le sexe de l'animal qui l'émettait, etc.

Evans a communiqué aussi une observation personnelle concernant la luminosité du Fulgore porte-lanterne.

Wesmael a prétendu, d'après une observation faite par un naturaliste belge, Linden, que ce Fulgore possède la propriété photogénique ; et Spinola fit savoir qu'un voyageur, du nom de Kaffer, avait vu un exemplaire lumineux de l'espèce en question.

D'après James Smith, le Hotine porte-chandelle, très-commun dans la Chine méridionale, du mois de mai au mois d'août, émet, à cette époque, une lumière vive, bleue ou verte, émanant de l'extrémité du prolongement céphalique. Cette lumière atteint sa plus grande intensité chez la femelle, augmente par une légère pression sur l'Insecte, est plus intense lorsqu'il est au repos que quand il vole, et s'éteint complétement après la copulation.

Une autre espèce de Hotine : le Hotine pyrorhynque (*Hotinus pyrorhynchus* Donov.), a été indiquée comme photogène par Donovan.

Emile Gounelle a publié les faits négatifs qui suivent, concernant la luminosité du Fulgore porte-lanterne :

Dans les forêts qui couvrent la contrée arrosée par le Rio-Pardo et le Rio-Jequitinonhia, au sud de la province de Bahia (Brésil), ces Fulgores se tiennent, pendant le jour, sur le tronc du Pao-Paraïba (*Simaruba versicolor* A. Saint-Hilaire), arbre de la famille des Rutacées, dont les feuilles et l'écorce, d'une amertume extrême, sont employées par les Brésiliens comme toniques et fébrifuges. On trouve généralement ces Insectes par couples. Immobiles, la tête toujours dirigée vers le sommet de l'arbre, ils échappent facilement aux regards, malgré leur grande taille, grâce à leur coloration blanchâtre, qui se confond avec celle de l'écorce, et qui est due à une sécrétion cireuse.

Les Fulgores qu'il avait enfermés dans une cage, commençaient, le soir, à s'agiter ; ils sautaient fréquemment, et de temps à autre faisaient entendre une sorte de bruissement sourd, bien qu'assez fort, produit par le frémissement de leurs ailes supérieures. Ce manége durait jusqu'au matin.

Pensant que ces Insectes se nourrissent du suc contenu dans l'écorce du Pao-Paraïba, il avait fermé un des côtés de leur cage avec un morceau de cette écorce; mais il ne les vit jamais manger, et tous moururent en peu de temps, aucun d'eux n'ayant pu supporter plus de trois jours de captivité.

Quant à la luminosité de ces Fulgores, il n'en a jamais aperçu la moindre trace. Les Brésiliens, qui connaissent parfaitement ces Insectes, n'ont jamais remarqué chez eux cette lumière dont Marie-Sibylle Mérian a parlé; par contre, ils regardent le *Jitirana Boïa* (c'est le nom qu'ils donnent à ce Fulgore) comme très-venimeux et en ont une peur superstitieuse. Les légendes les plus tragiques courent sur son compte, et bien que Gounelle ait souvent manié ces Fulgores devant les indigènes, jamais il n'a pu en décider un seul à les toucher. Comment, dit-il, un phénomène aussi remarquable que la luminosité aurait-il pu ne pas frapper des gens qui attribuent si volontiers à ces animaux des propriétés merveilleuses? Ajoutons que cet Insecte n'est nullement venimeux.

Bates, Becke, Bowring, Branner, Burmeister, Champion, Hancock, von Hoffmannsegg, Newman, Pryer, Richard, Sieber, von Spix et von Martius, Westwood, von Wied-Neuwied, etc., n'ont pas observé ou dénient la faculté photogénique chez les Fulgoridés.

En présence d'observations aussi contradictoires, le doute seul est permis.

A en juger par la nature chitineuse du prolongement céphalique, creux dans tout son intérieur, des Fulgoridés soi-disant photogènes,
on est peu disposé à croire qu'un tel organe
puisse être le siége d'un phénomène de luminosité; mais, que je sache, on n'a pas encore
étudié ce prolongement, au point de vue histologique, sur l'Insecte vivant, à différents âges de
son existence.

En définitive, il est impossible de se prononcer
aujourd'hui pour ou contre la luminosité de
certains Fulgoridés, niée par le plus grand
nombre, mais indiquée par des personnes qui
n'ont probablement pas commis les méprises dont
on pourrait les soupçonner.

DIPTÈRES

La faculté de produire une luminosité a été
observée dans plusieurs espèces de Diptères, soit
à l'état larvaire ou nymphaire, soit à l'état
parfait.

Dans la famille des Muscidés, on a dit avoir
vu chez le *Thyreophora cynophila* Panz., espèce
rare vivant sur les squelettes de différents Mam-

mifères, dans les charniers des équarrisseurs, une lumière émise par la tête, pendant la nuit; mais il est probable que cette apparence lumineuse était due à un petit fragment de substance organique émettant une luminosité causée par des Bactériacées photogènes, fragment qui se trouvait, d'une manière fortuite, placé à la tête de cet Insecte. D'ailleurs, Robineau-Desvoidy, auquel Lepeletier de Saint-Fargeau avait rapporté que cette espèce pouvait être lumineuse en certaines circonstances, fit savoir que des expériences personnelles tendaient à la négation du pouvoir photogénique dans cette espèce.

Relativement à la famille des Mycétophilidés, P.-F. Wahlberg a signalé la luminosité chez des larves et des nymphes du *Ceroplatus sesioides* Wahlb.; et G.-V. Hudson a mentionné un fait semblable chez des larves d'un Diptère de la Nouvelle-Zélande, qui appartenait très-probablement à la même famille.

A l'égard de la famille des Chironomidés, von Osten-Sacken a signalé des larves lumineuses de *Chironomus*, et Vladimir Alcnitzin a fait connaître les deux observations suivantes, concernant des Diptères photogènes, dont la seconde est relative à des *Chironomus*.

Pendant mon séjour à la mer d'Aral, en 1874,

j'ai eu, dit Alenitzin, l'occasion d'observer le phénomène de la luminosité chez des Diptères.

Au commencement de juin, j'étais dans la presqu'île Kulandy. Naviguant le long du rivage, pendant la nuit, un matelot m'apporta un Insecte qui émettait, par toute la surface du corps, une vive lumière. Au matin, je reconnus que cet Insecte, qui avait subi un écrasement assez fort, était un Diptère.

Dans le commencement de juillet, je vis à nouveau, dans la baie Kum-Snat, des Diptères lumineux, et j'eus l'occasion de les observer d'une façon plus intime. C'étaient des *Chironomus*. Tous les exemplaires lumineux, que virent les personnes se trouvant dans l'embarcation, étaient au repos. De loin, ils offraient l'aspect de petites étoiles ternes, émettant une faible et mate lumière. Ces Insectes luisaient sur toute la surface du corps; leurs pattes même présentaient l'apparence de fils lumineux. La lumière avait partout la même intensité. Seules, les ailes ne luisaient point. Chez ces *Chironomus*, je n'observai pas de mouvements volontaires; ceux que je capturai restaient complétement immobiles, et, en les touchant, quelques-uns faisaient un mouvement à peine perceptible. Dans ce cas, ordinairement, ils se laissaient tomber. Ces *Chironomus* lumineux

étaient rassemblés le plus souvent sur le bord
du rivage.

Parmi la famille des Culicidés, Pallas a mentionné la luminosité d'une espèce du genre *Culex*.

On a indiqué aussi un fait de luminosité concernant un Diptère de la famille des Tipulidés, une
Tipula; mais ce fait doit être considéré comme
douteux.

LÉPIDOPTÈRES

La luminosité chez des Chenilles est un phénomène qui n'a été constaté jusqu'alors que
très-rarement, et uniquement dans deux espèces
du sous-ordre des Noctuélines. Quant à la
manifestation d'une luminosité chez des Lépidoptères à l'état de chrysalide ou à l'état
parfait, je ne connais aucune observation qui la
concerne, car l'aspect brillant que montrent les
yeux de certains Papillons, dans une demi ou
dans une complète obscurité, n'est nullement le
résultat d'une production spéciale de lumière,
mais simplement le rayonnement de la lumière
solaire emmagasinée dans ces organes pendant
le jour.

Les faits relatifs à la luminosité de Chenilles
furent signalés par Gimmerthal chez une Chenille de l'*Agrotis* (*Noctua*) *occulta*? L., qui

appartient à la famille des Agrotidés, et par
Boisduval chez des Chenilles de la *Mamestra
oleracea* L., de la famille des Hadénidés.

Voici quelques renseignements à l'égard du
premier de ces faits : Gimmerthal a observé une
Chenille lumineuse qui paraissait être, a-t-on
dit, celle de la *Noctua occulta*. Il la trouva
sur l'herbe, le 22 août 1828. Cette Chenille se
montrait tout à fait brillante; la tête et les pattes
étaient aussi lumineuses. Seules, les taches brunes
de la tête et les raies du corps paraissaient plus
sombres. La lumière de l'animal placé sur un
papier imprimé, permettait de lire distinctement
les lignes voisines. Les mouvements de la Chenille étaient ralentis. Le troisième jour de sa
captivité, elle était plus raide, mais molle encore.
Ultérieurement, la luminosité n'était plus aussi
vive que les premiers jours; mais il se manifestait encore une lumière bleuâtre. Le 5 septembre,
la Chenille commençait à se dessécher; néanmoins, elle émettait toujours une faible lumière,
qui, alors, devenait plus vive par le frottement.
Deux jours encore passèrent ainsi; elle se des-
sécha totalement et la luminosité disparut.

L'extrême rareté du phénomène en question,
et le fait que les deux espèces de Chenilles où il
fut constaté sont deux espèces vulgaires, autorise

à supposer que la lumière observée n'était pas produite par ces Chenilles, mais par des substances qu'elles avaient ingérées, et dont la luminosité, qui pouvait se voir au travers des téguments des Chenilles, était probablement due à des Bactériacées photogènes. Cette hypothèse est d'autant plus rationnelle, que la possibilité de la vie de Bactériacées photogènes à l'intérieur d'animaux est un fait certain. Nous avons vu précédemment (p. 21), en effet, que Raphaël Dubois a découvert une de ces Bactériacées : le *Bacillus pholas* Dubois, qui vit normalement dans les parois de l'appareil siphonal d'un Mollusque Lamellibranche, de la Pholade dactyle.

COLÉOPTÈRES

Dans le monde des Insectes, ce sont les Coléoptères, et parmi les Coléoptères ce sont deux familles affines : celles des Malacodermidés et des Elatéridés, qui possèdent tout particulièrement la faculté de produire de la lumière. Il est vrai que la luminosité a été indiquée aussi chez des Coléoptères appartenant à d'autres familles, mais nous verrons que la plupart de ces Insectes ne jouissent pas du pouvoir photogénique.

Chez les Malacodermidés, deux tribus seulement : les Cantharinés et les Lampyrinés, renferment des espèces photogènes; la première en nombre peu élevé; la seconde en grande quantité.

La tribu des Cantharinés se compose d'Insectes de taille moyenne. Chez la plupart des espèces, les mâles et les femelles sont pourvus d'élytres et d'ailes bien développées. Les *Phengodes* et les *Zarhipis* font toutefois exception, car les quelques femelles actuellement connues de ces deux genres ne possèdent ni élytres ni ailes, même rudimentaires, et ressemblent tout à fait à des larves. Dans ces deux genres, on a reconnu le pouvoir photogénique, et, à ce point de vue, ils forment une transition avec la tribu des Lampyrinés.

Les larves, nymphes et femelles des genres *Phengodes* et *Zarhipis* connues aujourd'hui possèdent la faculté de produire de la lumière; les mâles jouissent aussi de cette propriété, et sont pourvus d'élytres et d'ailes bien développées. Probablement, les nymphes mâles des Cantharinés photogènes n'ont rien d'anomal, comme le fait a lieu chez les Lampyrinés photogènes, tandis que les nymphes femelles, ainsi que nous le savons, conservent la configuration de la larve. Sans doute aussi, les œufs de ces Cantharinés présentent le phénomène de la luminosité, fait constaté chez d'autres Insectes lumineux par eux-mêmes. Il est vrai que Hieronymus n'a pas observé la luminosité chez des œufs de *Phengodes Hieronymi* Haase, mais il se peut fort bien que la très-faible intensité de leur lumière fût la cause de cette observation négative, ou que les œufs en question, pondus par la femelle en captivité, n'aient pas été dans des conditions favorables pour la production de ce phénomène. Ces œufs avaient un diamètre longitudinal de $1^{m/m}9$ et un diamètre transversal de $1^{m/m}7$; leur membrane d'enveloppe était d'un brun clair, très-mince et un peu scabre.

On a reconnu, chez la nymphe femelle et chez la femelle de *Phengodes*, que les organes photogènes sont indiqués au dehors par des points situés à la face dorsale, dans chaque angle postérieur du mésothorax, du métathorax et des segments abdominaux ; en outre, il existe aussi, à la face ventrale de l'abdomen, plusieurs paires de points lumineux ; chez les mâles, les organes photogènes se voient, comme dans les Lampyrinés lumineux, à la face ventrale, dans la partie postérieure de l'abdomen ; il est probable, toutefois, qu'il existe des variations, relativement au nombre et à la situation exacte des organes d'éclairage, chez les différentes espèces de *Phengodes* et de *Zarhipis*.

La figure 23 représente une nymphe femelle de Phengode laticolle (*Phengodes laticollis* Horn),

Fig. 23. — Nymphe femelle de Phengode laticolle, vue en dessus. (Grossie 3 fois 1/2.)

en état de luminosité. D'après G.-F. Atkinson, qui l'a observée attentivement, cette nymphe brille d'une belle lumière bleuâtre blanche. Ses organes photogènes, au nombre de seize paires, sont ainsi répartis : 1° deux rangées longitudinales de points circulaires, à la face dorsale, en tout onze paires, dont chaque point est situé dans l'angle postérieur des segments du corps, depuis le second jusqu'au douzième inclusivement, c'est-à-dire du mésothorax, du métathorax et des neuf segments de l'abdomen; et 2° cinq paires de points lumineux situés à la face ventrale de plusieurs segments du corps, du cinquième au neuvième segment.

Les *Phengodes* et les *Zarhipis* ont des mœurs crépusculaires et nocturnes; ils habitent le Nouveau-Monde.

La tribu des Lampyrinés renferme des Insectes ayant une taille moyenne et des couleurs mates.

Dans la plupart des espèces de cette tribu, les mâles sont pourvus d'élytres et d'ailes bien développées; par contre, dans un grand nombre d'espèces, les femelles sont larviformes, n'ont pas d'ailes, et ne possèdent que des rudiments d'élytres qui, parfois, manquent aussi.

Très-probablement, les œufs, les larves, les nymphes, les femelles et les mâles du plus grand nombre des Lampyrinés photogènes, possèdent la faculté de produire de la lumière.

Un fait bien digne de remarque est l'existence, chez les Lampyrinés photogènes, d'espèces à sexes dimorphes et d'espèces à sexes monomorphes, c'est-à-dire que tantôt il y a une très-grande dissemblance entre la configuration du mâle et de la femelle d'une même espèce, la femelle ayant subi un arrêt de développement et ressemblant plus ou moins à sa larve, — fait qui existe aussi, comme nous venons de le voir, chez des Cantharinées photogènes (*Phengodes* et *Zarhipis*) — et tantôt il y a une très-grande analogie dans la configuration entre le mâle et la femelle d'une même espèce.

Ce dimorphisme, qui est assez répandu chez les Malacodermidés possesseurs de la faculté photogénique, est-il dû à un arrêt dans l'évolution progressive ou à une évolution régressive ? Je ne saurais me prononcer à cet égard.

Presque tous les Lampyrinés photogènes adultes sont crépusculaires et nocturnes, se tenant dissimulés, pendant le jour, parmi les plantes basses ou sous un abri à la surface du sol. Lorsque la nuit arrive, ils sortent des endroits où ils étaient au repos et se dispersent dans les forêts, les bosquets, les lieux découverts, sur le bord des chemins, dans le voisinage des habitations, où ils émettent leur caractéristique luminosité.

Les larves des Lampyrinés photogènes sont très-carnassières ; elles se nourrissent principalement de petits Mollusques, et hivernent, soit dans la terre, soit à la surface dans quelque endroit bien abrité. Les nymphes des mâles n'ont rien d'anomal, tandis que les nymphes des femelles larviformes conservent l'aspect de la larve.

Chez les larves, nymphes et adultes de Lampyrinés, qui émettent de la lumière, les organes d'éclairage se voient, le plus habituellement, à la face ventrale, entière ou partielle, de l'un, de deux ou des trois derniers segments abdominaux ; parfois, ces organes se réduisent extérieurement à des taches, même à une seule, et, dans certaines espèces, ils sont à peine vi-

sibles. Chez les larves, nymphes et adultes photogènes de Lampyrinés, il existe donc à la fois :
1° une grande uniformité dans la situation générale des organes photogènes, constamment situés
dans la partie ventrale de l'abdomen; et 2° une
assez grande variabilité dans l'étendue et la situation précise de ces organes. Relativement à la lumière, elle varie plus ou moins suivant les espèces
et les sexes, au point de vue de son intensité, de
son émission, etc. J'ajouterai que chez les espèces
à sexes dimorphes, les femelles, dont l'aspect est
larviforme, émettent une luminosité plus vive que
celle des mâles, ces derniers, en général, luisant
seulement d'une façon plus ou moins faible, quelquefois à peine visible, et peut-être, dans certaines
espèces, étant complétement aphotogènes. Par
contre, chez les espèces à sexes monomorphes,
bien qu'il existe des différences sexuelles, au
point de vue de la luminosité, ces différences
sont beaucoup moins accentuées, notamment à
l'égard de l'intensité lumineuse, que chez les
espèces à sexes dimorphes. N'oublions pas que ces
généralisations sont basées sur un petit nombre
de faits d'observation.

Je n'entreprendrai pas — on en conçoit aisément le motif — d'énumérer ici toutes les espèces
photogènes de Lampyrinés, et me bornerai à

indiquer les genres suivants de cette tribu, qui renferment des espèces photogènes : *Photuris, Luciola, Megalophthalmus, Amythetes, Phosphaenus, Lamprohiza, Lampyris, Pelania, Lamprophorus, Aspidosoma, Cratomorphus, Photinus, Lucidota, Lucernula, Cladodes, Lamprocera*, etc.

Les Lampyrinés photogènes sont répandus dans le monde entier ; mais l'Amérique du Sud est le pays qui possède le plus grand nombre d'espèces de ces Insectes. En Europe, on ne trouve que six genres de cette tribu : les *Luciola, Phosphaenopterus, Phosphaenus, Lamprohiza, Lampyris* et *Pelania*.

Carlo Emery a fait, sur la Luciole italique (*Luciola italica* L.), de sérieuses et attrayantes observations d'éthologie, d'un intérêt quelque peu général, car les faits qu'il mentionne doivent être plus ou moins analogues chez d'autres espèces de Lucioles, et probablement même chez des genres voisins.

Le champ des observations faites par Emery dans le mois de juin, était les pentes herbeuses des fossés, le long des murs de Bologne. Un soir, il se procura trois femelles de Lucioles : il mit l'une d'elles dans un tube en verre bien clos, et les deux autres dans des petites boîtes neuves à

pilules, percées de nombreux trous d'épingle,
afin que les émanations odorantes pussent facilement en sortir, s'il se produisait de telles
émanations. Emery plaça les deux boîtes l'une
près de l'autre, dans l'herbe, et le tube en un
point quelque peu éloigné. Au moment de l'installation de cette expérience, il était onze heures
du soir environ, et peu de Lucioles mâles
volaient dans le voisinage. Lorsque furent passées
les quelques minutes d'excitation dues aux manipulations nécessaires pour disposer l'expérience,
la femelle contenue dans le tube cessa entièrement d'émettre de la lumière, de même que les
deux autres, placées dans les boîtes.

Au bout de peu de temps, un mâle vola auprès
des prisonnières. La femelle placée dans le tube,
presque aussitôt après avoir vu la luminosité de ce
mâle, émit un jet de lumière, suivi promptement
d'un second et d'un troisième, jusqu'à ce qu'il
déviât de son chemin et vînt se poser dans
l'herbe, non loin du tube. Ensuite, eut lieu entre
les Insectes une sorte de duo de lumières, les
appareils d'éclairage des deux Lucioles s'illuminant alternativement, et le mâle se rapprochant
de la femelle. Puis le mâle, scintillant fortement,
se mit à tourner autour du tube, cherchant à y
pénétrer ; pendant ce temps, la femelle n'émettait

plus de lumière. Mais un second mâle vint à passer en volant près des Lucioles en expérience, et la femelle placée dans le tube l'appela de la même façon qu'elle l'avait fait pour le premier. Il en fut ainsi pour un troisième et un quatrième. Quant aux Lucioles femelles qui étaient dans les boîtes, elles furent délaissées.

Cette expérience prouve que c'est la vue et non l'odorat qui sert de guide aux Lucioles mâles dans la recherche des femelles; cette expérience montre aussi que la lumière des deux sexes, régulièrement intermittente et se manifestant à la volonté de l'animal, est un moyen d'appel. Pour être certain que les prisonnières dans les boîtes étaient pareillement capables d'attirer les mâles, Emery les enferma dans d'autres tubes en verre, et, promptement, elles eurent aussi des mâles près d'elles.

Au cours de plusieurs nuits, ce distingué naturaliste plaça une Luciole femelle sur un mouchoir, dans l'herbe. Cette femelle, à l'état libre, attirait les mâles qui étaient au vol comme l'avait fait précédemment la femelle emprisonnée dans le tube, c'est-à-dire au moyen de quelques jets de lumière, qui déterminaient les mâles à se poser dans son voisinage. Puis avait lieu un semblable échange d'émissions lumineuses alternatives, entre les deux individus, jusqu'à ce qu'ils se fussent rapprochés l'un de l'autre, la femelle cessant alors d'émettre de la lumière. Et toujours incontente d'avoir près d'elle un mâle, la femelle répétait son appel pour tous ceux qui venaient à passer. Si un mâle, en volant, ne faisait pas attention à ses signaux d'amour, ce qui arrivait rarement, la femelle, après l'éloignement de ce mâle, cessait de briller pour lui.

D'après les observations d'Emery, lorsqu'un mâle était près d'une femelle, il tournait autour d'elle en brillant fortement, s'en rapprochait, et enfin lui montait sur le dos, toutes manœuvres auxquelles semblait être indifférente la femelle, qui restait immobile ou marchait lentement. Mais un second mâle ne tardait pas à se joindre au premier. Les rivaux tournaient en scintillant, se heurtaient, et si l'un avait pris possession de la place enviée sur le dos de la femelle, l'autre cherchait à l'en faire partir, pour l'occuper à son tour. Quand le nombre des mâles avait augmenté, quelques-uns, peut-être les derniers arrivés, s'agitaient encore et, parfois, semblaient vouloir se battre, pendant que les autres, déjà calmés, se serraient autour de la femelle, laissant briller les nouveaux venus. Cette scène dura longtemps sans un résultat décisif quelconque, sans que la femelle se rendît aux ardeurs de l'un des mâles.

Souvent, au milieu du repos général, quelques mâles émettaient par intervalles une faible lumière, comme un feu presque éteint que le vent ranime, et la femelle participait aussi à cette luminosité par des jets d'une lumière tremblante. Rarement un des mâles, comme si sa patience fût épuisée, prenait son vol; plus fréquemment, un mâle se ranimait par le repos, et, pour quelques instants, recommençait à briller fortement, en troublant ses voisins.

Emery n'eut pas l'occasion de constater comment finissait ce tournoi d'amour entre les mâles pour la possession de la femelle; mais Peragallo a observé, chez la Luciole lusitanique, dont nous parlerons tout à l'heure, l'acte de la copulation, qui ne doit pas offrir de particularités. D'après lui, les Lucioles lusitaniques, une fois accouplées, restent immobiles, leur luminosité s'affaiblit, et l'intermittence de l'émission lumineuse ne se produit plus.

L'observation des amours des Lucioles italiques fit reconnaître à Emery de notables différences dans la lumière émise par les deux sexes. La couleur de la lumière est identique chez le mâle et la femelle, mais il est difficile d'apprécier son intensité sans instruments; à cet égard il lui sembla que les parties lumineuses de la femelle brillaient au moins autant que celles du mâle, et peut-être davantage ; mais la surface lumineuse est plus restreinte et la quantité totale de lumière émise plus petite. La différence la plus notable dans la lumière des deux sexes réside dans la forme de la courbe des singulières ondes lumineuses émises par ces Insectes. La différence en question est si distincte et si visible, que dès la seconde soirée des observations d'Emery, ce naturaliste, en voyant de loin la lumière d'une Luciole posée sur l'herbe, put en reconnaître le sexe. Les mâles ne s'y trompent jamais, et ne dévient de leur chemin que si la lumière est émise par une femelle appartenant à leur espèce.

En définitive, les observations d'Emery prouvent, avec pleine évidence, que les Lucioles se servent de leur lumière comme moyen d'appel, quand les sexes se recherchent pour s'accoupler. Il est très-probable que la lumière de ces Insectes leur sert, en outre, à éclairer leur chemin et à les aider dans la recherche de leur nourriture ; peut-être aussi cette lumière est-elle pour eux un moyen de protection, servant à éloigner différents ennemis, mais, à mon avis, ce moyen de protection ne peut avoir qu'une efficacité restreinte, à peu près limitée aux ennemis lucifuges, car, d'une façon très-générale, la lumière n'éloigne pas, mais, bien au contraire, attire les animaux. Il est évident que ces réflexions concernent aussi beaucoup d'autres Insectes doués de la faculté photogénique.

J'ai fait représenter ici deux espèces de Lampyrinés lumineux bien nettement différenciées : la Luciole lusitanique, et le plus connu d'entre eux : le Lampyre noctiluque.

La figure 24 représente la femelle et le mâle de la Luciole lusitanique (*Luciola lusitanica* Charp.),

Fig. 24. — Luciole lusitanique : femelle et mâle. (1 et 1/2 de grand. natur.)

vus par la face ventrale, afin de montrer leur appareil d'éclairage. Dans les deux sexes, le pronotum est jaune orangé, quelquefois rougeâtre (var. *mentonensis* Perag.), et les élytres ont une coloration brun noirâtre plus ou moins foncée. Chez la femelle, les segments abdominaux sont au nombre de sept; le mâle n'en a que six. Ce sont uniquement les mâles qui volent, les femelles, bien que pourvues d'ailes, restant sur le sol, ou grimpant aux herbes et même sur les feuilles d'arbres. La lumière se dégage de la face ventrale : chez le mâle, elle émane des deux derniers segments abdominaux, chez la femelle, des antépénultième et pénultième segments de l'abdomen. Suivant Peragallo, on voit voltiger des mâles, de huit heures et demie du soir à onze heures environ ; mais les femelles ne sortent que vers les neuf heures, quand les mâles sont en pleine excitation. La Luciole lusitanique a pour habitat l'Europe méridionale.

Le Lampyre noctiluque (*Lampyris noctiluca* L.) est répandu sur une aire géographique très-étendue — on le rencontre plus ou moins communément dans la plus grande partie de l'Europe et de l'Asie — et a été le sujet de nombreuses recherches d'histologie et de physiologie expérimentale.

Tout le monde connaît le *Ver-luisant*, appellation vulgaire sous laquelle on désigne la larve et la femelle de cet Insecte, et non le mâle, car, dans cette espèce, les deux sexes offrent une très-grande dissemblance. La femelle, vue en dessus et en dessous, la larve et le mâle sont représentés par la figure 25.

Le mâle est pourvu d'élytres et d'ailes bien développées. Les élytres sont d'un gris brun. L'abdomen est brunâtre ; ses deux derniers arceaux ventraux présentant une coloration blanc jaunâtre. La lumière qu'il émet est faible, presque nulle parfois, de telle sorte qu'elle peut échapper à une observation inattentive. Cette lumière émane de la face ventrale des deux derniers segments abdominaux.

Fig. 25. — Lampyre noctiluque : femelle, vue en dessus et en dessous, larve et mâle. (Grand. natur.)

La femelle est larviforme, et d'un brun un peu velouté en dessus et en dessous. Les côtés du mésothorax et du métathorax et un fin liseré latéro-postérieur sur chaque arceau dorsal et ventral sont d'un rose plus ou moins vif ou d'un fauve livide. Ses élytres sont soudées avec le mésonotum, indistinctes et représentées seulement par leurs épipleures. Les trois derniers arceaux ventraux de l'abdomen sont blanc jaunâtre. Ce sexe est assez fortement lumineux ; la lumière se dégageant des trois arceaux ventraux en question.

Chez le Lampyre noctiluque, on a constaté aussi l'existence du pouvoir photogénique dans l'œuf, la larve, et la nymphe.

Depuis longtemps, le fait de la luminosité de l'œuf est connu, et nous savons aujourd'hui que c'est le protoplasma de cet œuf qui produit la substance photogène. Raphaël Dubois, qui, chez l'espèce en question, a étudié ce fait avec le plus grand soin, tira de ses recherches différentes conclusions, entre autres les suivantes : les œufs sont déjà lumineux dans les ovaires; leur degré de luminosité est en raison directe de leur degré de développement intra-ovarien ; la luminosité a été constatée chez des œufs qui, examinés ultérieurement au microscope, n'ont présenté aucune trace de segmentation ; cette luminosité persiste dans les œufs pondus fécondés jusqu'au moment de l'éclosion ; la coque abandonnée par la jeune larve n'est pas lumineuse, tandis que cette larve possède, à sa naissance, deux organes photogènes ; la luminosité se manifeste même chez les œufs pondus non-fécondés, mais elle ne persiste pas longtemps, une semaine au plus.

La larve a une coloration générale noirâtre, avec une tache orangée aux angles dorso-postérieurs de chaque segment. Elle se distingue de la femelle par la petitesse de ses antennes, par l'absence de pronotum distinct, par son corps dont les côtés sont pour ainsi dire parallèles dans la région médiane, par l'absence de deux ongles aux tarses, etc. Sa lumière émane de la partie ventro-postérieure de l'abdomen, et elle est moins vive que celle de la femelle. Cette larve est carnassière, surtout molluscivore.

La nymphe mâle ne présente pas de particularités, tandis que la nymphe femelle conserve l'aspect de la larve. Ces deux nymphes sont lumineuses dans la partie ventro-postérieure abdominale, et il est probable que la lumière de la nymphe femelle est plus vive que celle de la nymphe de l'autre sexe.

Les femelles sont moins communes que les mâles. Pendant la saison chaude, on les rencontre à terre, sur les plantes basses, sous les détritus végétaux. Elles se traînent lourdement, et, lorsqu'il en est besoin, relèvent ou contournent la partie postérieure de l'abdomen, pour bien mettre en évidence la surface ventrale lumineuse de cette région, afin d'attirer plus facilement, par la lumière bleue verdâtre qu'elles émettent à volonté, ceux qui bientôt s'accoupleront avec elles, et dont les yeux, très-développés, leur ont fait apercevoir de loin ce flambeau de l'amour.

La seconde des deux familles contenant presque uniquement les Coléoptères photogènes : la famille des Élatéridés, se compose d'Insectes qui possèdent le curieux pouvoir de sauter en l'air grâce à un appareil spécial.

Les Elatéridés bien connus comme producteurs de lumière appartiennent à la sous-tribu des Pyrophorités, qui renferme seulement les deux genres *Pyrophorus* et *Photophorus*.

Les Pyrophores, nombreux en espèces, habitent le Nouveau-Monde, notamment l'Amérique méridionale et les Antilles. Quant aux Photophores, très-analogues aux Pyrophores, on n'en connaît aujourd'hui que trois espèces, trouvées dans des îles de l'Océanie.

Les Pyrophores, Insectes crépusculaires et nocturnes, à sexes monomorphes, ont une coloration plus ou moins sombre, ordinairement d'un brun marron, et sont le plus souvent couverts d'une pubescence courte et jaunâtre, qui, dans certaines espèces, est assez dense pour dissimuler la coloration des téguments.

Les organes photogènes des Pyrophores adultes, semblables chez les deux sexes, sont au nombre de trois : les deux premiers, symétriques, sont situés dans les angles postérieurs du prothorax, à une distance de leur sommet, variable suivant les espèces, et se montrent en dessus sous la forme de deux corps ovales ou arrondis, faisant une légère saillie convexe et transparente ; le troisième

organe, impair et ventral, occupe la région médiane du sternite du premier segment abdominal;
la configuration extérieure de cet organe ventro-
abdominal varie beaucoup suivant que l'Insecte
ouvre ou ferme l'espace ventral compris entre
la partie libre de la face postérieure du métathorax
et celle de la face antérieure du premier segment
abdominal. Lorsque l'Insecte est au repos ou en
marche, il n'y a pas de vide entre la surface
ventro-postérieure du métathorax et la surface
ventro-antérieure du premier segment de l'abdomen, ce qui empêche de voir l'organe photogène en question; mais, pendant le vol, il y a
relèvement de l'extrémité postérieure de l'abdomen, permis par l'écartement des élytres et des
ailes, et d'où il résulte que la face ventro-antérieure du premier segment abdominal s'écarte de
la face ventro-postérieure du métathorax; l'organe photogène ventro-abdominal est alors mis à
découvert, et dégage une vive lumière, plus
intense que la somme des deux lumières émises
par les deux organes prothoraciques. Il importe
d'ajouter qu'un très-petit nombre d'espèces de
Pyrophores sont dépourvues d'appareils photogènes.

Au crépuscule et dans la nuit, ces Coléoptères
émettent, à leur volonté, une vive lumière de couleur

verte opalescente, qui leur permet de se guider dans l'obscurité, et véritablement féerique est le spectacle, lorsque de très-nombreux Pyrophores, dispersés sur les plantes, posés sur les arbres, ou volant en tous sens, produisent une merveilleuse illumination amplement capable de charmer la vue des personnes même indifférentes aux phénomènes de la nature. Pendant le jour, ces Coléoptères se tiennent cachés sous le feuillage et au pied des arbres.

Les Pyrophores se nourrissent du suc de la Canne à sucre ou de végétaux très-tendres; leurs larves sont lignivores et vivent dans la vermoulure de bois pourri.

Le plus connu d'entre eux est le Pyrophore noctiluque (*Pyrophorus noctilucus* L.) dont la figure 26 représente la larve au sortir de l'œuf et l'Insecte adulte. Cette espèce, fort commune, est répandue dans toute l'Amérique intertropicale. Elle a été le sujet de nombreuses recherches dues à Raphaël Dubois, qui les a réunies dans un travail magistral intitulé : *Les Elatérides lumineux.* Je reparlerai, dans le chapitre XIII, des organes photogènes et de la luminosité de ce Pyrophore; j'ajouterai seulement ici que l'œuf et la larve émettent de la lumière, et que très-probablement il en est de même chez la nymphe.

Avant de terminer les paragraphes consacrés aux Coléoptères, il me reste à indiquer les différentes observations suivantes, concernant des

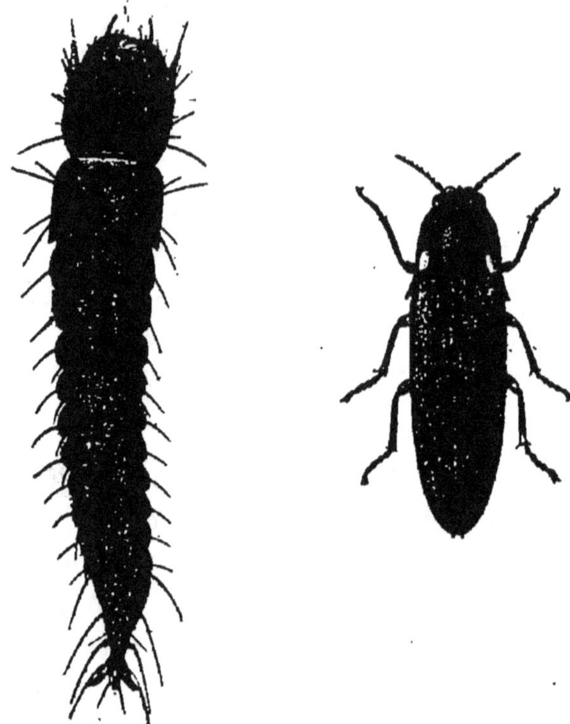

Fig. 26. — Pyrophore noctiluque : larve au sortir de l'œuf (grossie 23 fois); adulte (grand. natur.)

Coléoptères appartenant à d'autres familles que celles des Malacodermidés et des Elatéridés :

On a dit avoir vu une émission de lumière chez une espèce de la famille des Carabidés : le *Physodera noctiluca* Mohnike, qui, selon Mohnike, présente dans les angles postérieurs de la partie dorsale du prothorax deux organes photogènes analogues à ceux de Pyrophores, et à droite et à gauche de la partie ventrale du dernier segment de l'abdomen deux organes photogènes analogues à ceux de Malacodermidés ; d'après ce même auteur, le *Physodera Dejeani* Eschsch., espèce très-voisine, produit aussi de la lumière, mais il n'a constaté par lui-même, ni chez l'une ni chez l'autre de ces deux espèces, la luminosité en question. Dans la même famille, chez des Insectes qui peuvent produire une crépitation déterminée par un liquide acide sortant de l'extrémité postérieure de l'abdomen et se volatilisant avec bruit au contact de l'air, chez des *Brachynus*, une faible émission de lumière accompagne, paraît-il, cette crépitation.

La luminosité observée chez un Staphylinidé : le *Staphylinus olens* Müll., et chez un Carabidé : le *Nebria cursor* Müll., a dû être le résultat d'une erreur d'interprétation, cette lumière ayant été produite, on pourrait presque l'affirmer, par des fragments de substance lumineuse qui se trouvaient sur ces Insectes.

Afzelius a dit que les massues creuses des antennes d'un Insecte de la famille des Pausidés : le *Pausus sphaerocerus* Afz., émettent une faible luminosité, mais cette lumière devait être simplement de la lumière réfléchie à la surface extrémement poli des massues des antennes de ce Coléoptère.

Quant aux taches élytrales d'un Buprestidé : le *Chrysochroa ocellata* Fabr., elles ne sont certainement pas lumineuses, et il en est de même pour d'autres Insectes que l'on a supposé doués du pouvoir photogénique, tels que le *Dadoychus flavocinctus* Chev. (Cérambycidé), des Hélopidés brésiliens, etc.; ces suppositions étant basées sur une vague ressemblance externe dans la coloration de certaines parties de ces Insectes avec la coloration des-endroits où sont situés des organes d'éclairage chez des Coléoptères.

En résumé, ces différents faits sont : les premiers douteux, les suivants mal interprétés, les derniers complétement inexacts.

HYMÉNOPTÈRES

A l'égard de l'existence du pouvoir photogénique dans l'ordre des Hyménoptères, je ne connais que l'observation suivante, sur laquelle je ne saurais me prononcer, ni dans le sens affirmatif, ni dans l'autre : de Villiers remarqua en 1837, à Montpellier, qu'un jardinier, en béchant la terre de caisses où étaient des Orangers, amenait à la surface du sol un très-grand nombre de petits corps lumineux qui s'éteignaient après quelques instants. De Villiers reconnut que les caisses où se produisait ce phénomène étaient habitées par une très-grande quantité de petites Fourmis jaunes, mais il ne put savoir avec certitude si c'étaient les Fourmis elles-mêmes, ou leurs nymphes, qui possédaient la propriété photogénique.

CHAPITRE IX

MOLLUSQUES

L'embranchement des Mollusques n'est pas riche en espèces ayant la faculté de produire de la lumière. Sur les cinq classes qui le constituent, trois : celles des Lamellibranches, Gastéropodes et Céphalopodes, renferment des espèces photogènes.

Les plus connus des Mollusques doués du pouvoir photogénique sont les Pholades, Mollusques Lamellibranches marins dont les deux valves de la coquille sont d'égales dimensions, blanches, allongées et minces. L'animal présente à sa partie postérieure un long prolongement contractile formé par les siphons (siphon cloacal et siphon branchial), réunis dans toute leur longueur, excepté à leur extrémité postérieure, mais dont les deux canaux sont entièrement séparés.

Les Pholades creusent des trous dans des matières diverses : roche, argile, sable, bois, etc., et vivent dans les cavités qu'elles se sont forées.

La propriété photogénique de ces Lamellibranches est connue depuis l'antiquité. Pline le Naturaliste a indiqué superficiellement ce phénomène dans son *Histoire naturelle*, où il parle des Pholades sous les noms de *dactyli* et d'*ungues*. Elles ont, dit-il, la propriété de luire dans l'obscurité. Plus elles ont de mucus, plus elles brillent ; effet qui subsiste dans la bouche de ceux qui les mangent et se communique aux mains de ceux qui les touchent. Il n'est pas jusqu'aux gouttes du mucus des Pholades qui ne soient lumineuses même après être tombées à terre ou sur un vêtement.

C'est aux recherches de Panceri et de Raphaël Dubois que l'on doit les renseignements les plus détaillés sur la faculté photogénique des Pholades. Les recherches de Panceri ont été faites spécialement sur une espèce qui habite le littoral des mers d'Europe : la Pholade dactyle (*Pholas dactylus* L.), représentée par la figure 27 ; celles de Raphaël Dubois concernent la même espèce.

Panceri, auquel j'emprunte les faits suivants, observa les nuages lumineux répandus dans l'eau où sont plongées des Pholades, lorsqu'on agite cette eau. Il vit aussi l'illumination de leur corps après l'ouverture du manteau et des valves, illumination déterminée par un liquide abondant qui rend lumineux les corps avec lesquels il est en contact.

Afin de savoir si la sécrétion lumineuse a pour siége l'épithélium de toute la surface externe de

la Pholade, ou si elle est produite dans des organes photogènes spéciaux, Panceri fit tomber,
dans l'obscurité, un petit filet d'eau sur une
Pholade dont le manteau et le siphon branchial

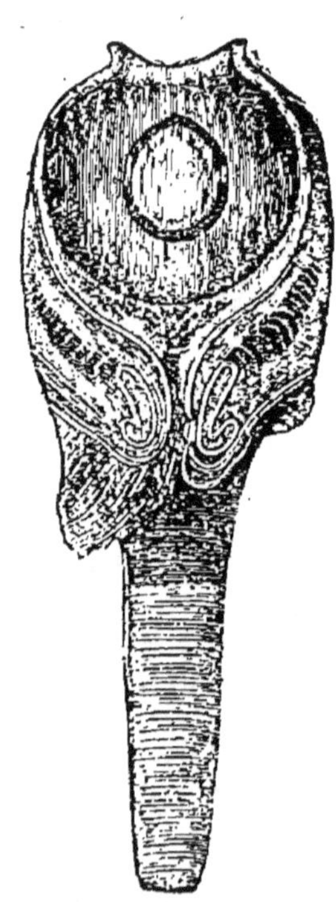

Fig. 27. — Pholade dactyle, avec et sans coquille. (Grossie
2 fois et 2 fois et demie.)

avaient été préalablement ouverts. Ce filet d'eau
enleva une partie du mucus, ce qui permit à
Panceri de découvrir que ces Mollusques avaient
des organes photogènes spéciaux et localisés.

Ces organes sont au nombre de cinq :

1° Un arc correspondant au bord supérieur du manteau et qui se prolonge jusqu'à la moitié environ des valves;

2° Deux petites taches de forme irrégulièrement triangulaire, placées à l'entrée du siphon branchial;

3° Deux longs cordons parallèles situés dans le même siphon.

Grâce à cet ingénieux procédé de lavage, on peut voir les organes photogènes. Quand le filet d'eau vient à cesser, tout l'animal se recouvre d'un mucus lumineux et resplendit de nouveau en totalité, pouvant ainsi faire croire que la substance photogène est sécrétée par toute la superficie de l'animal.

Si l'on ampute les parties de la Pholade où se trouvent les organes en question, la luminosité ne se manifeste plus, ce qui prouve de la manière la plus nette qu'ils sont bien les organes producteurs de la lumière.

La substance photogène est contenue dans les cellules de l'épithélium ciliaire des cinq organes photogènes de la Pholade, et se mélange au mucus produit dans la superficie de l'animal.

Nous étudierons avec quelque détail, dans le chapitre xiii, le pouvoir photogénique de la

Pholade dactyle, pouvoir qui doit être plus ou moins semblable chez des espèces voisines.

Parmi les Mollusques faisant partie de la classe des Gastéropodes et de l'ordre des Hétéropodes, Enrico Giglioli en a trouvé quelques-uns doués de la faculté photogénique, particulièrement une grande espèce nue, rencontrée dans l'Océan Indien.

Les Phyllirrhoës, Gastéropodes appartenant à l'ordre des Opisthobranches, sont des Mollusques sans coquille, pisciformes, à corps allongé, comprimé latéralement. Ils sont munis antérieurement de deux longs tentacules, et leur extrémité postérieure est tronquée. Leur corps, d'une transparence vitrée parfaite, peut aisément échapper aux regards, mais cette transparence permet d'étudier avec beaucoup de facilité leur organisation dans ses plus intimes détails. Ce sont des animaux pélagiques. Ils ont des mœurs crépusculaires et nocturnes, et une progression lente. Ces Mollusques habitent le Pacifique, l'Atlantique, la Méditerranée, et possèdent à un haut degré la faculté de produire de la lumière.

On doit à Panceri des recherches importantes sur une espèce de la Méditerranée : le Phyllirrhoë bucéphale (*Phyllirrhoe bucephalum* Péron et Lesueur), représenté par la figure 28.

En agitant l'eau dans laquelle se trouve un

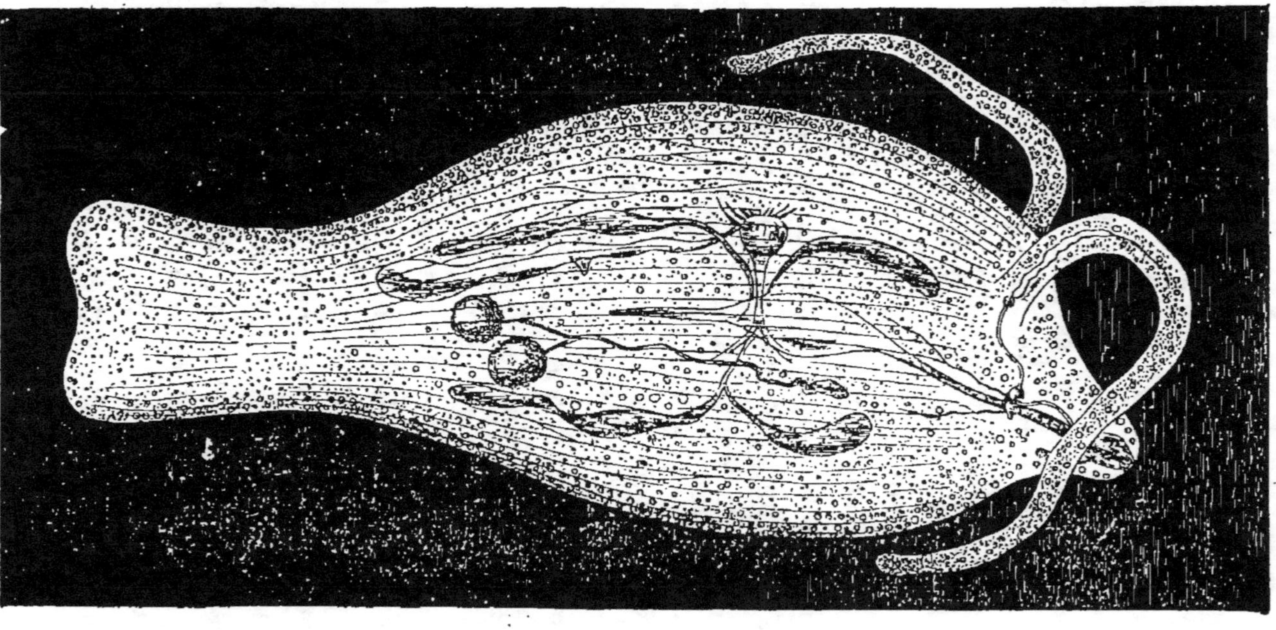

Fig. 28. — Phyllirrhoë bucéphale. (Grossi 4 fois 1/2.)

(Pour ne pas nuire à la clarté de cette figure, les chromatophores n'ont pas été représentés.)

Phyllirrhoë bucéphale, ou en le touchant, on voit une luminosité jaillir de son corps, et, en le stimulant avec une goutte d'ammoniaque, la surface de son corps et ses longs tentacules luisent d'une lumière vive et azurée. Toutefois, c'est aux bords supérieur et inférieur du corps que la lumière est le plus intense, de telle sorte que cette brillante illumination délimite parfaitement le contour du Mollusque. Il est important d'ajouter que cette luminosité ne se communique pas aux liquides et aux solides en contact avec le Phyllirrhoë, contrairement à ce qui a lieu chez quantité d'animaux photogènes.

Nous étudierons, dans le chapitre XIII, les points les plus importants des recherches qu'a faites Panceri sur le pouvoir photogénique du Phyllirrhoë bucéphale. De ces recherches, il a conclu qu'il existe dans des cellules de cet animal, également dans les cellules nerveuses périphériques de forme ordinaire et dans celles des ganglions centraux, ainsi que dans les cellules sphériques particulières, en rapport avec des nerfs, situées dans le voisinage immédiat de la périphérie et répandues sur presque tout le corps, mais qui manquent entièrement dans les tentacules, — cellules que Panceri a désignées sous le nom de « cellules de Müller », — une substance produisant de la lumière pendant la vie, sous l'action de stimulus, et que certains réactifs spéciaux font briller également, lorsque cette substance photogène est extraite de l'animal, et aussi après sa mort.

J'ajouterai que le phénomène de la luminosité a été vu, paraît-il, chez de jeunes animaux du genre *Aeolis* (Opisthobranche).

Dans la classe des Gastéropodes, la faculté photogénique a été observée aussi chez les Ptéropodes. Enrico Giglioli a trouvé quelques espèces photogènes de cet ordre : un *Hyalea* et un *Creseis*, observés pendant la nuit, dans la rade d'Anjer (Java), et chez lesquels la lumière était limitée à la partie basale de la coquille; et un *Cleodora*, luisant d'une vive lumière rouge, dont le siége était au sommet de la coquille, espèce qui fut pêchée dans l'Atlantiqué austral. La figure 29 représente le Cléodore cuspidé (*Cleodora cuspidata* Quoy et Gaim.), qui émet une lumière bleuâtre produite dans la région abdominale et apparaissant à l'extérieur et au sommet de la coquille.

Enfin, parmi la classe des Céphalopodes, qui renferme les Mollusques supérieurs, le phénomène de la luminosité a été reconnu chez le *Cranchia scabra* Leach. De plus, Enrico Giglioli a observé ce phénomène chez des espèces pélagiques de cette classe, entre autres chez un *Loligo* et chez quelques Octopodidés de petite taille, pêchés, à plusieurs reprises, dans l'Océan Pacifique, pendant la traversée de Callao à Valparaiso. D'après ce naturaliste, la surface de leur corps émettait une lumière pâle et blanchâtre uniformément répartie, manquant toutefois à la surface interne des bras, où sont situées les ventouses.

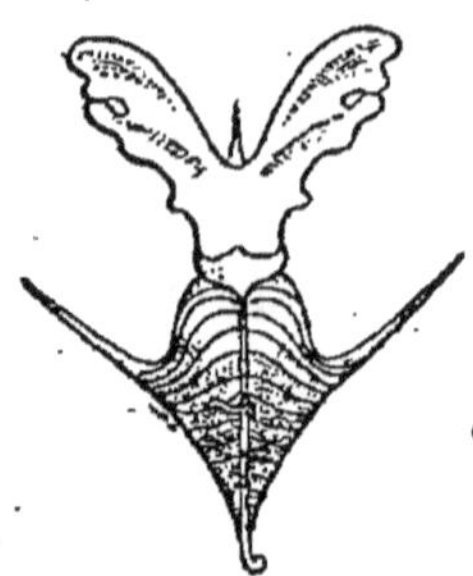

Fig. 29. — Cléodore cuspidé. (Grandeur naturelle.)

Ajoutons, en terminant, que l'on voit accidentellement chez des Mollusques ayant cessé de vivre mais dont la putréfaction n'est point commencée, une luminosité produite par des Bactériacées photogènes.

CHAPITRE X

MOLLUSCOÏDES

Les seuls animaux de cet embranchement chez lesquels, à ma connaissance, on a observé une luminosité, appartiennent à la classe des Bryozoaires, à l'ordre des Ectoproctes et au sous-ordre des Stelmatopodes : *Scrupocellaria reptans* L., *Membranipora pilosa* L., *M. membranacea* L., etc. Ces trois espèces marines se composent de colonies formées par un très-grand nombre de minimes indi-
d'individus, colonies qui s'é-
tendent sur divers objets (Algues, pierres, coquilles, etc.). La figure 30 repré-
sente six loges, fortement grossies, de l'une d'elles : le Membranipore poilu (*Membranipora pilosa*), espèce très-commune.

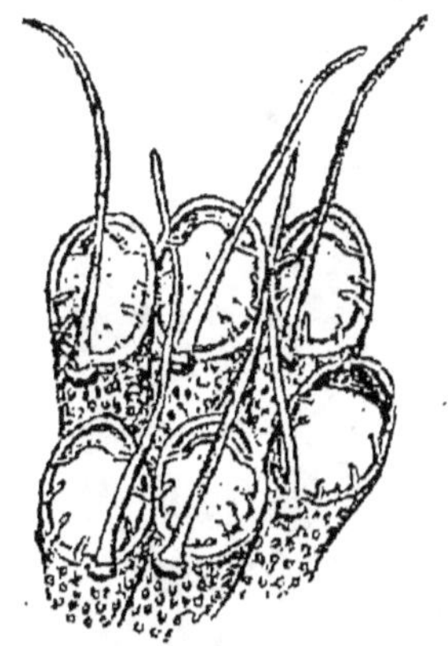

Fig. 30. — Loges de Membranipore poilu. (Grossies 25 fois.)

Jusqu'à ce jour, il n'a pas été fait, que je sache, d'observations précises concernant la luminosité de ces Molluscoïdes, et j'ignore si les espèces en question produisent elles-mêmes de la lumière

mière, ou si la luminosité qu'elles ont manifestée n'était pas due à des Bactériacées photogènes. Quoi qu'il en soit, il est évident que d'autres Bryozoaires marins peuvent aussi émettre accidentellement de la lumière.

CHAPITRE XI

TUNICIERS

Pourvus d'une enveloppe tantôt de consistance molle, gélatineuse, tantôt coriace ou même cartilagineuse, recouvrant entièrement leur corps et appelée « tunique », d'où ils tirent leur nom, solitaires ou en colonies, vivant, lorsqu'ils sont adultes, fixés ou libres aux différentes profondeurs des mers ou à la surface, souvent transparents ou translucides, présentant, chez certains types, le phénomène si remarquable de la génération alternante, tels sont quelques-uns des caractères des animaux qui composent cet embranchement.

Parmi les Tuniciers, on a observé le phénomène de la luminosité dans les quatre ordres des Appendiculaires, Ascidies simples et agrégées, Synascidies, et Ascidies salpiformes, composant la classe des Téthyodés, et dans les ordres des Salpes et des Barillets, formant la classe des Thaliacés.

Les Appendiculaires sont solitaires et nageurs, de forme ovale allongée, pourvus d'un appendice caudal, et ressemblent, par leur configuration extérieure, à des larves d'Ascidies.

Enrico Giglioli a observé chez des Appendiculaires le pouvoir photogénique. La luminosité avait son siége dans l'axe central de l'appendice caudal, autrement dit dans l'urocorde, où elle se manifestait d'une façon intense, et sa coloration variait chez le même individu. Enrico Giglioli remarqua d'abord ce changement de coloration chez une belle espèce pêchée dans l'Atlantique austral. Dans cette espèce, l'urocorde émettait à différents intervalles une lumière vive, d'une couleur rouge foncée, puis azurée, et finalement verte. Ce naturaliste rencontra beaucoup d'Appendiculaires dans la traversée de Montevideo à Batavia, et chez presque toutes, il observa cette luminosité tricolore. Une grosse espèce, trouvée dans l'Océan Indien, émettait une lumière qui avait pour couleurs le blanc, l'azur et le vert.

Les Pyrosomes, de beaucoup les mieux connus des Tuniciers, au point de vue photogénique, sont des Ascidies salpiformes coloniales, nageant à la surface des mers. La colonie présente la forme d'une pomme de pin creuse ou d'un dé à coudre allongé; elle est transparente et composée d'un très-grand nombre d'individus situés perpendiculairement à l'axe longitudinal de la colonie et réunis par un tissu commun de consistance gélatino-cartilagineuse. Chaque individu possède deux orifices : un orifice d'entrée et un orifice de sortie. Les orifices d'entrée forment des cercles irréguliers à la surface externe de la colonie; quant aux orifices de sortie, ils débouchent du côté opposé dans la cavité centrale qui fait l'office de cloaque commun. Le Pyrosome est une association animale dont tous les membres qui la composent agissent d'une manière tellement concordante pour atteindre les mêmes buts, que cette colonie se comporte absolument comme le ferait un seul individu.

Péron a publié sur une espèce qu'il découvrit dans l'Atlantique : le Pyrosome atlantique (*Pyrosoma atlanticum* Péron), un mémoire d'où j'extrais les passages suivants :

Les spécimens qu'il observa, tous parfaitement semblables entre eux pour la forme, la couleur, la substance, la propriété photogénique, ne différaient que par les proportions qui variaient de 3 à 4, 6 et même 7 pouces.

La couleur de ces Pyrosomes, lorsqu'ils sont en repos ou qu'ils viennent de mourir, est d'un jaune opalin, mêlé de vert assez désagréable. Dans les mouvements de contraction spontanés qu'il exerce, dans ceux que l'observateur peut déterminer à son gré par la plus légère irritation, le Pyrosome s'embrase, si l'on peut ainsi parler; il devient presque instantanément d'un rouge de fer fondu, d'un éclat extrêmement vif; et, de même que ce métal, à mesure qu'il refroidit, présente diverses nuances de coloration, de même aussi ce Pyrosome, à mesure qu'il perd sa luminosité, passe successivement par une foule de teintes extrêmement agréables, légères et variées : le rouge, l'aurore, l'orangé, le verdâtre et le bleu d'azur. Cette dernière nuance surtout est aussi vive qu'elle est pure. Non-seulement cette teinte est, de toutes celles qu'il montre, la plus agréable et la plus propre à donner de cette espèce l'idée réelle qu'on doit en avoir, mais elle est encore, pour ainsi dire, intermédiaire entre le rouge de fer fondu qu'il présente dans son état de luminosité extrême, et le jaune opalin qu'on observe dans son état d'affaissement ou de repos absolu.

A l'égard de la luminosité de ce Pyrosome, quelle qu'en puisse être la nature, quels que puissent être les moyens propres à la développer, à l'entretenir, toujours est-il qu'elle se présente, dans cette espèce, avec tous les caractères d'une fonction régulière. En effet, si l'on abandonne dans un vase rempli d'eau de mer un ou plusieurs spécimens de cette espèce, on les voit, à des intervalles isochrones, éprouver un léger mouvement alternatif de contraction et de dilatation analogue à ceux de l'inspiration et de l'expiration dans les animaux plus parfaits. Avec chacun de ces mouvements, on voit la luminosité se développer dans la contraction, s'affaiblir ensuite insensiblement, disparaître tout à fait pour se reproduire bientôt dans le mouvement de contraction suivant. On peut, à son gré, l'entretenir plus longtemps, la développer plus ou moins vivement, suivant qu'on irrite le Pyrosome plus ou moins fortement pendant un temps plus ou moins long, soit en le touchant avec quelque objet, soit simplement en agitant l'eau dans laquelle il est plongé.

La figure 31 représente le Pyrosome géant (*Pyrosoma giganteum* Lesueur), que l'on trouve dans la Méditerranée, et sur lequel Panceri a fait d'importantes recherches.

Ce biologiste a pu déterminer avec certitude la structure et la situation des organes photogènes chez ce Pyrosome. Il a reconnu que la lumière provient d'une myriade de taches brillantes placées presque à égale distance les unes des autres dans la partie périphérique du tube de la colonie, et a remarqué que ces taches étaient disposées par paires. Dans chaque individu, il y a une paire de ces organes photogènes situés à la base du cou, près du bord supérieur des deux branchies, au-dessous de chacune des arches latérales de

la bande vibratile, et immédiatement au-dessous
des deux nerfs qui constituent la paire supérieure

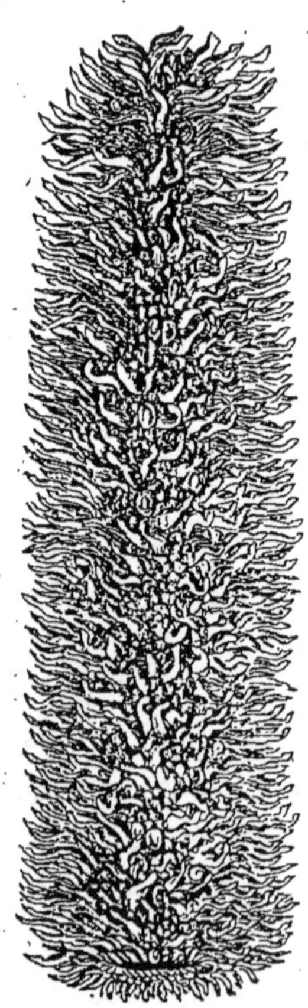

Fig. 31. — Pyrosome
géant. (2/5 de grand.
natur.)

des nerfs latéraux du ganglion. Ces organes photo-
gènes ont un contour ovale
ou quelquefois subtriangulaire, et si on les observe
de côté, on s'aperçoit qu'ils
sont situés dans l'espace
lacunaire sanguin placé
entre les deux couches du
tégument, mais qu'ils font
uniquement partie de la
couche externe. Chez les
individus les plus anciens
de la colonie, qui sont plus
grands que les autres et
ont un cou très-allongé, la
paire d'organes photogènes
est plus en dehors que les
autres, par suite de la longueur du cou. Les organes
photogènes de tous les individus sont exclusivement
composés de cellules sphé-
riques dépourvues de nucléus et qui contiennent
une substance photogène, selon toute probabilité

une substance grasse, et une substance albumineuse. Ces cellules ne sont pas contenues dans une membrane commune, mais baignées directement par le sang de la lacune.

Panceri a observé aussi chez ce Pyrosome des courants lumineux. En outre, il a étudié la formation des organes photogènes chez les deux espèces d'embryons de ce Pyrosome. Je reparlerai plus en détail, dans le chapitre XIII, du pouvoir photogénique de ces colonies animales.

La faculté de produire de la lumière existe dans la famille des Salpidés, qui constitue l'ordre des Salpes et renferme des animaux nageurs, de forme généralement subcylindrico-aplatie, transparents, et qui, dans le cycle vital d'une même espèce, sont alternativement solitaires et en chaîne (habituellement sur deux rangs). La figure 32 représente un Salpe solitaire : Salpe très-grand (*Salpa maxima* Lam.) ; et la figure 33 un Salpe agrégé : Salpe zonaire (*Salpa zonaria* Pall.).

Beaucoup de Salpes, dit Enrico Giglioli, possèdent la faculté de produire de la lumière, faculté circonscrite généralement dans le *nucléus* (masse formée par le tube digestif pelotonné). Chez plusieurs belles espèces rencontrées par ce savant dans l'Océan Indien, et chez d'autres trouvées par lui dans la mer de Chine, entre Poulo Condore et Formose, et dans l'Atlantique austral, le nucléus brillait d'une vive lumière rouge foncée.

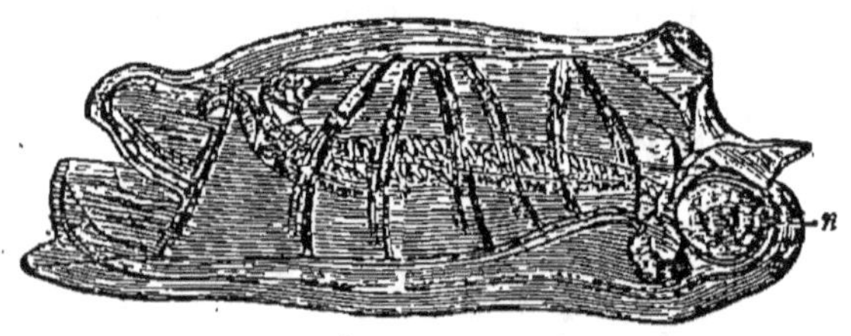

Fig. 32. — Salpe très-grand (réduit); *n.* nucléus.

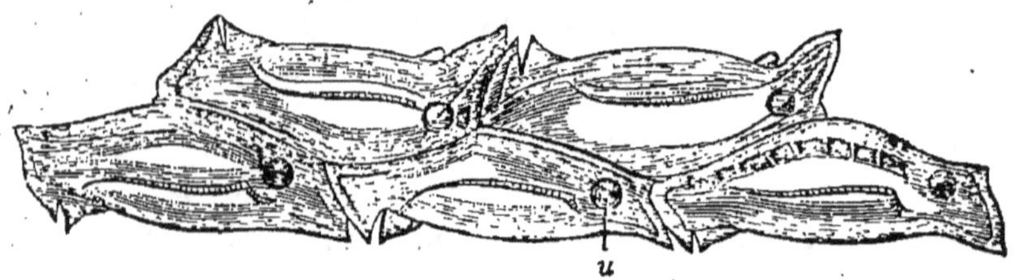

Fig. 33. — Salpe zonaire (réduit); *n.* nucléus.

Il me reste à parler de la luminosité dans le genre *Doliolum*, qui appartient à l'ordre des Barillets et se compose de Tuniciers nageurs, en forme de tonnelets et transparents. Chez des espèces de ce genre, pêchées dans l'Atlantique septentrional, dans l'Océan Indien et dans le Pacifique, Enrico Giglioli observa toujours une luminosité plus ou moins vive, de couleur verte, qui semblait émise par toute la surface du corps.

Si, dans les différents Tuniciers photogènes que je viens de mentionner, l'existence d'organes producteurs de lumière est un fait indiscutable pour plusieurs espèces, très-probable pour les autres, par contre, il n'en est pas de même dans l'ordre des Ascidies simples et agrégées et dans celui des Synascidies. En effet, je ne saurais dire si la luminosité observée chez les *Ciona intestinalis* L. (Ascidie simple) et *Botryllus Schlosseri* Sav. (Synascidie) était produite par les animaux eux-mêmes ou par des Bactériacées photogènes. Quoi qu'il en soit, on peut considérer comme certain que le phénomène de la luminosité se manifeste aussi chez d'autres espèces de ces deux ordres, mais les faits qui nous intéressent tout particulièrement dans ce chapitre sont les faits relatifs à la luminosité produite par les Tuniciers eux-mêmes.

CHAPITRE XII

VERTÉBRÉS

Chez les Vertébrés, qui constituent l'embranchement le plus élevé du règne animal, c'est seulement dans la classe la plus inférieure : celle des Poissons, que l'on connaît, d'une façon absolument certaine, des espèces pourvues d'organes photogènes. Au-dessus des Poissons, dans les classes des Batraciens, Reptiles, Oiseaux et Mammifères, on a signalé aussi le phénomène de la luminosité, mais il n'existe, à ma connaissance, aucune espèce appartenant à l'une des quatre classes en question, chez laquelle on puisse affirmer l'existence d'organes producteurs de lumière.

POISSONS

Pour la rédaction des pages suivantes, consacrées aux Poissons photogènes, je me suis servi du grand ouvrage de l'éminent ichthyologiste Albert Günther, traitant des Poissons recueillis par le *Challenger*.

C'est tout particulièrement dans les profondeurs des mers que l'on trouve des espèces douées du pouvoir photogénique.

Chez beaucoup de Poissons de ces profondeurs, les branches du système mucifère sont extrêmement dilatées. Parfois, c'est seulement la ligne latérale qui est visiblement plus large que chez les espèces affines des très-petites profondeurs (de nombreuses espèces de la famille des Scorpénidés, etc.), mais, dans beaucoup d'autres (comme dans les familles des Scopélidés, Ophidiidés, Macruridés et Bérycidés), ces branches, à la partie supérieure de la tête, sont agrandies et forment de larges cavités dont les parois sont soutenues par de hautes apophyses des os superficiels. La disposition des branches céphaliques du système mucifère est semblable à celle qui existe généralement chez les Poissons Téléostéens. Tous ces canaux et cavités sont remplis d'une quantité considérable de mucus. Chez les spécimens qui n'ont pas été conservés trop longtemps dans l'alcool, ce mucus se gonfle par une immersion dans l'eau, et l'on peut, grâce à une pression, le faire sortir par les orifices des canaux. Ces orifices sont de larges fentes, ou des fentes plus ou moins ouvertes, ou de très-petits pores avec ou sans un tubule. Les fonctions de tout le système mucifère ne sont pas connues. On peut voir dans ce système un organe excréteur ou sensoriel; en tous cas, il est évident que son développement extraordinaire chez tant de Poissons des profondeurs marines doit être en relation avec les conditions du milieu dans lequel vivent ces animaux, et il est très-probable qu'une ou plusieurs fonctions s'ajoutent à la fonction originelle que remplit le système mucifère chez les Poissons vivant à de très-petites profondeurs. En considérant que la majorité des organes photogènes localisés et hautement spécialisés sont situés dans l'aire du système mucifère et sont en relation avec lui, on peut admettre que l'une des fonctions additionnelles de ce mucus est d'entourer le Poisson d'une luminosité, supposition d'autant plus rationnelle que l'on a observé, chez des individus récemment capturés, que ce mucus émettait de la lumière.

Les organes photogènes des Poissons sont situés dans des régions très-différentes de l'animal, et les places qu'ils occupent ne sont pas les mêmes dans les diverses familles. Un fait remarquable, concordant bien avec le rôle très-probable du mucus pour l'éclairage de l'animal, est que ces organes photogènes manquent presque entièrement chez les Poissons des profondeurs marines dont le système mucifère est le plus développé; ainsi, ni la famille des Ophidiidés, ni celle des Macruridés, ne possèdent des organes photogènes spécialisés, probablement parce que leur mucus, sécrété si abondamment, émet une quantité de lumière suffisante pour l'animal. Dans les familles des Gadidés et des Bérycidés, on trouve seulement des organes photogènes isolés, qui rappellent l'organe photogène préoculaire ou rostral de certains *Scopelus*. Chez les *Halosaurus*, le système de la ligne latérale est large, et sur lui sont situés des organes photogènes bien différenciés. Dans chacune des familles des Alépocéphalidés et Carangidés, seulement une espèce, d'après Albert Günther, est pourvue d'organes photogènes. Chez la famille des Pédiculates, il existe d'une manière commune des organes photogènes qui servent comme appâts pour attirer d'autres Poissons. C'est dans les familles des Scopélidés, Stomiatidés et Sternoptychidés qu'on trouve le plus communément des organes photogènes, où ils ont pour fonction principale de permettre à ces animaux d'éclairer ce qui les entoure, plus rarement d'appâter d'autres Poissons. Dans la famille des Murénidés, on n'a trouvé, d'après Albert Günther, aucun organe photogène, mais chez quelques-uns d'entre eux, le système mucifère est agrandi.

Les organes photogènes des Poissons présentent beaucoup de modifications, relativement à leur siége, leur aspect et leur structure :

1° Dans leur plus primitive condition, les organes photogènes offrent l'aspect d'innombrables tubercules très-petits, faisant plus ou moins saillie à la surface de la peau, et couvrant les côtés du corps; ils sont réunis en très-grande quantité par bandes transversales correspondant aux segments du système musculaire. Ce type existe dans les genres *Malacosteus, Photonectes, Pachystomias, Opostomias* et *Echiostoma.* Albert Günther suppose que les pores dispersés sur la peau de quelques espèces de *Ceratias* sont les orifices de follicules dans lesquels est sécrété un mucus lumineux.

2° D'une taille plus grande, moins nombreux et plus saillants à la surface, sont les petits nodules situés dans la peau des *Xenodermichthys;* ils sont distribués sur la tête, où ils suivent les canaux mucifères, et sur le corps, où ils sont disposés en quinconces; ils manquent dans l'étendue de la ligne latérale.

3° Plus différenciées sont les taches oculiformes, d'une couleur rouge ou verte pendant la vie, disposées à intervalles réguliers en deux rangées situées sur la partie inférieure de chacun des côtés du corps, et que l'on trouve aussi sur la tête, à la base des rayons branchiostèges et sur l'opercule. On les rencontre dans les genres *Idiacanthus*, *Photonectes*, *Pachystomias*, *Opostomias*, *Echiostoma*, *Stomias*, *Astronesthes*, *Chauliodus* et *Gonostoma*.

4° Encore plus différenciés sont les organes assez grands, ronds, plats, offrant le brillant particulier de l'Avicule perlière, qui sont, comme les précédents, disposés en rangées sur la partie inférieure de chaque côté du corps et de la tête, que l'on voit également, mais isolés, sur les côtés et sur les opercules, et qui forment en outre, souvent, une courte rangée dorsale et ventrale sur le pédoncule de la queue. On ne trouve ces organes que dans les familles des Scopélidés et Sternoptychidés, à savoir dans les genres *Nannobrachium*, *Scopelus*, *Photichthys*, *Polyipnus*, *Sternoptyx*, *Argyropelecus* et *Gonostoma*.

5° Des taches plus ou moins diffuses d'une substance glandulaire blanche, d'épaisseur variable, se trouvent :

a. Sur les côtés du tronc, dans le genre *Astronesthes* ;

b. Sur le côté dorsal ou ventral du pédoncule de la queue, dans les genres *Nannobrachium* et *Gonostoma;*

c. Sur ou près des clavicules et dans les cavités

branchiales, chez les genres *Halosaurus*, *Opostomias* et *Sternoptyx*;

d. Au-dessus des maxillaires dans la région infraorbitaire, chez les genres *Pholichthys* et *Gonostoma*;

e. Sur le sommet du museau ou en avant des yeux, dans les genres *Scopelus*, *Melanonus* et *Melamphaes*;

f. Sur les barbillons, dans les genres *Idiacanthus*, *Opostomias*, *Stomias* et *Linophryne*;

g. Sur les rayons de nageoires, chez l'*Himantolophus Reinhardti* Lütken et dans les genres *Chaunax* et *Melanocetus*.

6° Chez ce groupe, les parties glandulaires du groupe 5° sont grandes et différenciées, formant, de chaque côté du Poisson, une masse plus ou moins allongée, située dans une cavité de la région infraorbitaire; ces organes photogènes existent chez les genres *Idiacanthus*, *Malacosteus*, *Photonectes*, *Pachystomias*, *Opostomias*, *Echiostoma*, *Astronesthes* et *Anomalops*.

7° L'appareil photogène de la nageoire dorsale est différencié, représentant une cavité pourvue d'un orifice d'où un tentacule ou filament peut faire saillie. Ce type d'appareil photogène se trouve seulement dans la famille des Pédiculates, tels que plusieurs espèces de *Linophryne*, *Oneirodes* et *Ceratias*, et les genres *Aegaeonichthys* et *Himantolophus*.

8° Les organes photogènes des *Halosaurus* diffèrent de tous ceux que je viens d'énumérer, en ce qu'ils forment une seule rangée, placée sur les écailles de la ligne latérale. Sur la tête, ces organes suivent les branches inférieures des canaux mucifères; en fait, ils sont situés dans ces canaux. Les organes en question sont diamantiformes et situés presque tous au-dessous du tégument semi-transparent du corps, mais indépendants de ce tégument.

9° Chez l'*Ipnops Murrayi* Günth., il existe deux grands organes photogènes à contours entièrement symétriques, qui sont situés à droite et à gauche de la ligne médiane de la face supérieure aplatie de la tête, et qui s'étendent à partir d'une ligne un peu postérieure aux cavités nasales presque jusqu'à un point au-dessus de l'extrémité postérieure de la cavité du crâne.

Sans aucun doute, les Poissons contribuent pour une part considérable à l'éclairage des profondeurs marines; et les divers degrés de différenciation de leurs organes photogènes, de même que la disposition de ces organes, situés dans des parties très-différentes du Poisson, démontrent que la production de la lumière est sous la dépendance de conditions variées et que cette luminosité sert à différents usages :

1° La luminosité peut avoir pour usage d'éclairer l'animal qui la produit. Chez les Poissons qui sécrètent simplement une grande quantité de mucus lumineux, sans avoir d'organes photogènes spéciaux, ou chez ceux qui ont d'innombrables organes photogènes très-petits, disséminés sur la plus grande partie du corps, la luminosité se dégage de la surface générale du Poisson, quand il est actif, et cesse probablement pendant qu'il est endormi ou au repos. Mais dans les Poissons chez lesquels les organes photogènes sont hautement développés et spécialisés, la production de la lumière est évidemment soumise à la volonté de l'animal. C'est seulement ainsi que l'appareil lumineux est avantageux au Poisson ; en effet, si l'émission de la lumière était constante ou ne pouvait pas être interrompue instantanément, l'animal serait très-visible et deviendrait promptement la proie de ses ennemis. Le haut degré de développement des organes photogènes situés sur les côtés de la tête, près des yeux, organes que l'on trouve dans la famille des Stomiatidés et dans le genre *Anomalops,* peuvent être considérés comme donnant à ces Poissons le pouvoir d'émettre, à leur volonté, des rayons lumineux dans la direction des endroits qu'ils ont besoin d'explorer, pour chercher leur proie ou pour quelque autre but. Le fait que certains des organes photogènes sont situés au-dessous de membranes ou même dans les cavités des branchies ou dans la bouche, ne peut pas être regardé comme une objection à cette explication de leur rôle : celui d'éclairer le Poisson qui produit la lumière, attendu que les membranes, comme les os, étant semi-transparents, ne diminuent pas beaucoup le dégagement de cette lumière. Sans aucun doute, l'intensité de la lumière produite par les divers organes photogènes n'est pas la même; elle est probablement la plus faible chez ceux qui sont le moins spécialisés, et n'excède peut-être pas la faible lueur émise par une quantité de très-petites parcelles de phosphore; mais la lumière qui émane des organes lenticulaires des Halosauridés, des organes perliformes des Scopélidés, et des organes infraorbitaires des Stomiatidés, doit être intense et parvenir à une très-grande distance.

II° Les organes photogènes situés sur les barbillons, les rayons filamenteux de nageoires ou les tentacules, ont évidemment pour fonction d'attirer d'autres animaux et de servir d'appâts. C'est un fait bien connu que les animaux aquatiques sont attirés par la lumière, dans l'obscurité; par conséquent, ces appendices sont des appâts très-efficaces dans l'obscurité qui règne aux profondeurs des mers, quand, pourvus d'une ou de plusieurs taches émettant une vive lumière, ils sont mis en jeu par le Poisson. Cette propriété lumineuse ne pourrait être d'aucun autre usage à ces Poissons, dont beaucoup, tels que, par exemple, les Pédiculates des profondeurs marines, ont des yeux très-rudimentaires. Les organes photogènes hautement spécialisés qui sont situés sur les côtés dorsal et ventral du pédoncule de la queue, chez beaucoup d'espèces des familles des Scopélidés et Sternopty-chidés, doivent avoir pour fonction, par la lumière qu'ils émettent, d'attirer des proies et non d'éclairer leur possesseur. Situés à la partie postérieure du corps, ils sont dans une position très-défavorable pour émettre de la lumière dans le champ de la vision. D'autre part, quand on se rappelle les mouvements particuliers d'un *Scopelus*, qui s'élance rapidement, en décrivant de petites courbes, à droite, à gauche, en haut, en bas, on comprend que ces organes photogènes postérieurs sont d'un grand secours au Poisson pour attraper les animaux qui, attirés par la lumière émanant de sa queue, se sont approchés trop près de lui. L'explication d'après laquelle les rayons de lumière émis par ces organes photogènes caudaux serviraient à effrayer les animaux qui poursuivent le Poisson muni de ces organes, ne semble pas à Günther une heureuse idée; je partage entièrement son opinion à cet égard. Les organes en question, comme le suppose cet éminent ichthyologiste, sont soumis à la volonté du Poisson qui, lorsqu'il est poursuivi, n'a simplement qu'à ne plus émettre de lumière et à se sauver à la faveur de l'obscurité. La lumière ne doit pas effrayer, mais plutôt attirer les animaux qui poursuivent ces Poissons.

Ce résumé nous montre qu'il existe, chez les Poissons qui vivent dans les profondeurs des mers, une série de gradations, au point de vue du développement des parties productrices de lumière.

Je donne ici les figures de quatre Poissons des profondeurs marines : le Mélanocète de Johnson, le Malacosté choristodáctyle, le Stomias affin et l'Echiostome barbu.

La figure 34 représente le Mélanocète de Johnson (*Melanocetus Johnsoni* Günth.), qui vit probablement dans le sable ou la vase. Sans doute, le tentacule placé à la partie supéro-antérieure de la tête, joue le rôle d'appât et répand de la lumière. Ce Poisson n'était connu que par un spécimen trouvé mort flottant sur l'eau à la suite d'une violente tempête, non loin de Funchal (Madère), par des pêcheurs de cette

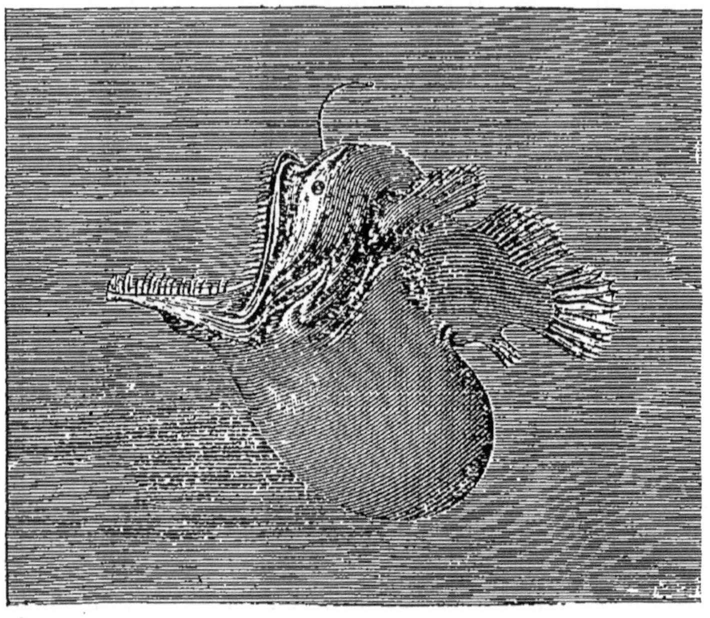

Fig. 34. — Mélanocète de Johnson. (3/5 de grand. natur.)

île, avant l'expédition scientifique du navire *Le Talisman*, au cours de laquelle il a été capturé dans les parages de la côte atlantique du Maroc, à 2.516 mètres, et dans l'Atlantique à 4.789 mètres de profondeur.

On voit, dans la figure 35, le Malacosté choris- todactyle (*Malacosteus choristodactylus* Vaill.),

de couleur noire et d'environ quinze centimètres
de longueur, qui fut capturé pendant l'expédition
du navire *Le Talisman* dans les parages de la

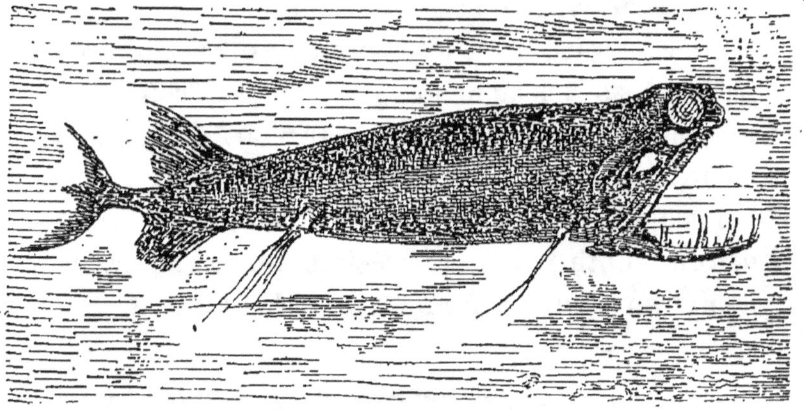

Fig. 35. — Malacosté choristodactyle. (1/2 de grand. natur.)

côte marocaine de l'Atlantique par des fonds de
1.400 et de 1.635 mètres, et aux Açores à 2.200
mètres de profondeur. L'appareil lumineux de
cette espèce consiste en une paire d'organes
photogènes situés dans la région infraorbitaire, de
chaque côté de la tête : l'un assez grand, tout
près de l'œil ; l'autre bien plus petit, en arrière et
en dessous du précédent, et près du bord de la
bouche. En outre, il existe aussi, chez cette
espèce, d'innombrables organes photogènes se
montrant à l'extérieur sous la forme de très-petits
tubercules faisant saillie à la surface de la peau

et couvrant les côtés du corps. Un des Malacostés choristodactyles recueillis par *Le Talisman* donnait encore quelques signes de vie au moment de son arrivée à bord, et l'on observa que la lumière émise par les organes infraorbitaires n'était pas exactement la même : celle qui provenait de l'organe supérieur était d'un jaune chatoyant, celle de l'autre, verdâtre.

La figure 36 montre le Stomias affin (*Stomias affinis* Günth.), dont un spécimen, d'une longueur d'environ douze centimètres et demi, a été pris

Fig. 36. — Stomias affin. (3/5 de grand. natur.)
(Il existe deux rangées de taches photogènes à la partie latéro-inférieure
de chacun des deux côtés de ce Poisson et non une seule
comme l'indique cette figure.)

à une profondeur de 825 mètres environ, au sud de l'île de Sombrero (Petites Antilles). Dans cette espèce, les organes photogènes sont distribués, de chaque côté du corps, en trois rangées de taches : deux situées à la partie inférieure, et une troisième au-dessus de la ligne médiane du côté du corps. En outre, le bout de la tige du barbillon, qui se termine en trois filaments, est probablement lumineux.

Enfin, une quatrième espèce : l'Echiostome barbu (*Echiostoma barbatum* Lowe), est représenté par la figure 37. Ce Poisson est d'un noir uniforme. Il est intéressant de remarquer que le

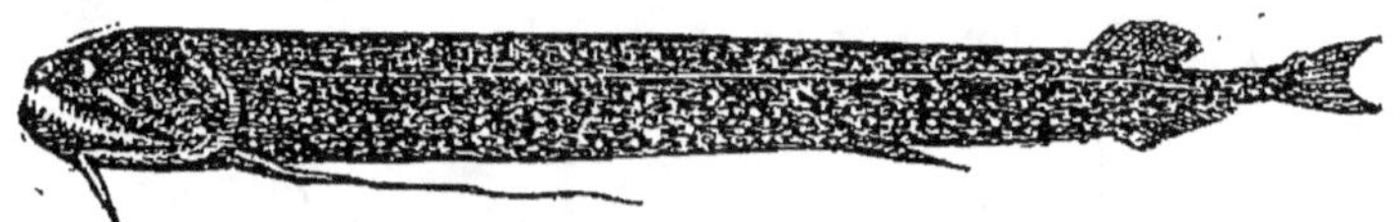

Fig. 37. — Echiostome barbu. (4/11 de grand. natur.)

rayon supérieur de ses nageoires pectorales est séparé du reste de la nageoire, et très-allongé en un filament extrêmement fin qui atteint presque la nageoire ventrale. Un exemplaire de cette espèce, d'une longueur d'environ vingt-trois centimètres, a été recueilli à Madère; un autre spécimen fut pris, a-t-on dit, au large de la côte du Massachusetts.

Les organes photogènes de l'Echiostome barbu sont distribués ainsi de chaque côté de l'animal :

a. Une rangée de corps oculiformes, plutôt de petite taille, mais distinctement développés, situés à la partie inférieure, commençant en avant de la nageoire pectorale et s'étendant jusqu'à l'extrémité antérieure de la nageoire anale;

b. Une rangée subparallèle à la précédente et située au-dessus d'elle, mais au-dessous de la ligne médiane du côté du corps, commençant au-dessus de la base de lá nageoire pectorale, et s'étendant jusqu'à la base de la nageoire caudale ;

c. Une rangée d'organes similaires le long de la base des rayons branchiostèges ;

d. D'innombrables organes plus petits, en partie tout à fait rudimentaires, dispersés entre les rangées principales ; ces organes existent sur le côté du corps jusque sur le dos, mais là, ils sont disposés plus régulièrement : une double rangée correspondant à chaque myocomma ; et un grand nombre d'organes rudimentaires semblables à des taches pigmentaires saillantes, dispersés sur toute la tête ;

e. Un organe oculiforme isolé, plus grand que tous ceux décrits jusqu'ici chez cette espèce. situé dans la suture de l'opercule et du sous-opercule ;

f. Le principal organe, situé en dessous et en arrière de l'œil, le long du maxillaire ; cet organe est étroit, cunéiforme et pointu en arrière.

A l'égard de la fonction que remplissent, chez un certain nombre de Poissons des profondeurs marines, les principaux organes photogènes et les yeux, voici l'opinion de H. Filhol et d'Edmond Perrier :

Quelques zoologistes, dit H. Filhol, ont songé à

considérer les principaux organes photogènes des *Stomias*, des *Malacosteus*, etc., par suite de la présence, dans leur portion profonde, de la membrane en quelque sorte rétinienne qui les tapisse, et de ses rapports avec des branches nerveuses, comme étant des yeux accessoires. Cette opinion semble bien difficilement admissible, si l'on veut tenir compte du développement normal des yeux, et il paraît bien plus rationnel de penser qu'ils servent simplement à produire de la lumière, qui, grâce à la lentille les limitant extérieurement, peut être condensée sur un point déterminé. Ce sont uniquement des foyers lumineux et non, à la fois, des centres d'émission et de réception de lumière. Pourtant, les yeux de quelques Poissons semblent remplir la double fonction dont je viens de parler. Ainsi ces organes, chez des Requins provenant de fonds de 1.200 à 2.000 mètres, possèdent un éclat tout spécial.

On a, dit Edmond Perrier, avancé que les yeux d'un certain nombre de Poissons des grandes profondeurs marines répandent une vive lumière. Ce fait demande une étude plus attentive. Si, en effet, de la lumière se dégage de l'intérieur des yeux de ces animaux, si surtout il s'en dégage suffisamment pour éclairer les objets qui les environnent, comment les faibles rayons reflétés par ces objets pourront-ils impressionner, de manière à produire une vision distincte, une rétine déjà vivement illuminée? La production de la lumière par les yeux reste donc douteuse pour les Poissons, et il est possible que lorsqu'on a cru constater ce phénomène, on ait eu simplement affaire à une réflexion avec concentration de la lumière extérieure, comme on l'observe chez les Chats.

Rappelons, à ce sujet, que la fonction photogénique et la fonction visuelle peuvent coexister dans des yeux, fait qui a été constaté chez des Crustacés, probablement de jeunes *Mysis*.

Il convient de ne pas oublier que la luminosité de Poissons morts, causée par des Bactériacées photogènes, est un phénomène fréquent dans les endroits de pêche, et qu'on l'observe aussi dans les établissements où l'on prépare des Poissons pour un but alimentaire.

En outre, je pense que des Poissons de mer à l'état de vie et non lumineux par eux-mêmes, peuvent présenter le phénomène de la luminosité par suite de la présence, dans leur mucus, de Bactériacées photogènes; je base cette supposition sur le fait que Raphaël Dubois a signalé, de la présence d'une Bactériacée photogène : le *Bacterium pelagia* Dubois, dans le mucus sécrété par le manteau d'une Pélagie noctiluque (Méduse);

selon moi, l'existence dans le mucus d'animaux marins photogènes et aphotogènes, de Bactériacées productrices de lumière, doit être un fait commun.

BATRACIENS, REPTILES, OISEAUX ET MAMMIFÈRES

Si la classe des Poissons renferme un assez grand nombre d'espèces pourvues d'organes photogènes, par contre, la production de la lumière chez les Batraciens, Reptiles, Oiseaux et Mammifères est un phénomène bien douteux encore.

Voici, au sujet de ces Vertébrés, diverses observations :

Dans la classe des Batraciens, on a dit qu'une Grenouille ou un Crapaud, de Surinam, est lumineux, particulièrement dans l'intérieur de la bouche; et l'on a vu la luminosité du mucus qui avait entouré les œufs d'une Grenouille.

Dans la classe des Reptiles, un Gecko a été mentionné comme lumineux, et ce phénomène a été vu chez des œufs de Lézard gris.

Dans la classe des Oiseaux, la luminosité a été observée chez le Héron bihoreau (*Ardea nyclicorax* L.) et le Héron bleu (*Ardea caerulea* L.).

Enfin, dans la classe des Mammifères, on a vu

des corps humains, vivants et morts, qui étaient lumineux. — Relativement à la luminosité présentée, dans l'obscurité, par les yeux de différents Mammifères, elle doit être causée par de la lumière solaire emmagasinée pendant le jour dans ces organes, et dégagée par rayonnement dans l'obscurité. En outre, on sait que différents Mammifères, dans certaines circonstances atmosphériques, présentent, par le poil, une luminosité de nature électrique.

Malheureusement, je ne puis donner aucun renseignement précis à l'égard de ces faits relatifs aux quatre classes les plus élevées de l'animalité.

En admettant que ces faits soient tous vrais, ce qui n'est nullement certain, voici comment je les interprète :

Je crois que c'est à des Bactériacées photogènes qu'il faut attribuer la luminosité du mucus qui avait entouré les œufs d'une Grenouille, ainsi que la luminosité de cadavres humains. Très-probablement, le phénomène lumineux vu chez une Grenouille ou un Crapaud, de Surinam, était dû à un corps quelconque offrant ce phénomène, que le Batracien en question avait dans la bouche. De plus, je pense que l'émission lumineuse présentée par les deux espèces de Hérons et par des corps humains à l'état de vie, était de nature électrique. Quant aux faits de luminosité concernant le Gecko et les œufs de Lézard gris, j'ignore absolument à quelles causes ils doivent leur production.

CHAPITRE XIII

ANATOMIE ET PHYSIOLOGIE
DES PARTIES PHOTOGÈNES, ET PHÉNOMÈNE
DE LA LUMINOSITÉ EN ELLE-MÈME, CHEZ LES VÉGÉTAUX
ET LES ANIMAUX

Jusqu'ici, nous avons passé en revue, d'une manière forcément très-superficielle, — les dimensions de ce modeste ouvrage m'obligeaient à une telle brièveté, — tous les principaux types photogènes du règne végétal et du règne animal. Il convient maintenant d'examiner, d'une façon spéciale, les parties productrices de la lumière, au point de vue anatomique et physiologique, ainsi que la luminosité en elle-même.

Afin de permettre au lecteur de se rendre compte plus facilement des analogies et des dissemblances que présente le pouvoir photogénique chez les êtres vivants, j'ai réuni à cet égard, dans ce chapitre, un grand nombre de faits qui donnent, je crois, une idée générale assez complète de ce pouvoir, dans le monde des animaux et dans celui des végétaux.

AGARIC DE L'OLIVIER

L.-R. Tulasne a reconnu que la luminosité de l'Agaric de l'Olivier (p. 14 et fig. 1), produite aussi bien dans le jour que pendant la nuit, se manifeste particulièrement à la surface de l'hyménium, mais que toute la substance de cet Agaric possède très-fréquemment, sinon toujours, le pouvoir photogénique. Seule, la surface supérieure du chapeau ne lui a jamais paru lumineuse.

Malgré de nombreuses observations faites sur des exemplaires de tout âge, J.-H. Fabre, auquel j'emprunte les faits qui suivent concernant cet Agaric, n'a pu constater le phénomène de la luminosité, soit sur le stipe et dans sa substance interne, soit dans celle du chapeau, et il n'observa le phénomène en question que sur les lamelles de l'hyménium. Fabre supposa que ces résultats négatifs pouvaient bien avoir été dus à la température, qui, pendant ses observations, était de 10° à 12° centigrades et même très-fréquemment moindre, tandis que dans celles de Tulasne, le thermomètre indiquait, d'une façon assez constante, 18° à 20° vers le milieu du jour. Peut-être la luminosité du stipe, beaucoup moins constante que celle de la surface hyméniale, demande-t-elle pour se produire une certaine température, supposition qui semble à Fabre d'autant plus acceptable, qu'en chauffant des Agarics d'une façon artificielle pendant quelque temps, il vit parfois se manifester sur le stipe, d'abord complétement obscur, quelques lueurs, si fugaces, si faibles, qu'il ne les aurait peut-être pas remarquées s'il n'avait point connu les faits signalés par Tulasne, relatifs à la luminosité de la partie en question.

Lorsque la température indispensable à la pleine manifestation de la lumière est atteinte, température qui paraît voisine de 8° à 10°, une élévation de 20° ou de 30° n'augmente pas la luminosité d'une façon appréciable à notre vue. En deçà de 2° et au-delà de 50°, le phénomène ne se manifeste plus.

L'exposition à la lumière solaire est sans influence sensible sur la luminosité de cet Agaric.

La luminosité des lamelles de l'hyménium a la même intensité dans l'eau aérée, dans l'air et dans l'oxygène pur, mais elle n'a pas lieu dans l'eau privée d'air par l'ébullition. Quelle que soit la richesse en oxygène des trois premiers milieux, pourvu qu'elle soit suffisante, les lamelles n'y inspirent, dans un temps donné, qu'un même volume de ce gaz, ce qui produit l'invariabilité de l'éclat de la lumière. Il convient de mentionner que cet Agaric expire proportionnellement plus d'acide carbonique lorsqu'il est lumineux que lorsqu'il est obscur.

La luminosité cesse complétement de se produire dans le vide barométrique et dans des gaz irrespirables : chlore, hydrogène, acide carbonique. Le chlore agit avec beaucoup de puissance, car il suffit de quelques instants d'immersion dans ce gaz pour anéantir à jamais la faculté photogénique du Champignon. Dans cette expérience, la substance de l'Agaric est profondément altérée ; les lamelles perdent leur couleur jaune doré presque aussitôt après l'immersion, et deviennent d'un beau blanc, en même temps que la cuticule du chapeau passe du fauve ardent au jaune trèspâle. Par contre, après avoir séjourné dans le vide barométrique, dans l'hydrogène ou l'acide carbonique, même pendant plusieurs heures, l'Agaric manifeste aussitôt qu'il est remis dans l'air tout l'éclat lumineux qu'il présentait avant l'expérience. Cependant, un séjour trop prolongé dans l'acide carbonique diminue notablement cet éclat. Après six heures d'immersion dans ce gaz, l'Agaric n'émet plus à l'air qu'une luminosité trèsaffaible.

BACTÉRIACÉES

Le *Bacillus phosphorescens* Fischer et le *Bac-*

terium phosphorescens Hermes sont des Bactériacées photogènes aérobies.

Le *Bacillus phosphorescens* a la forme de bâtonnets très-mobiles, arrondis aux deux extrémités, qui ont en moyenne de 1,15 à 1,75 μ de longueur, et une largeur deux à trois fois moindre. Ils émettent dans l'obscurité une lumière blanche un peu bleuâtre. Les cultures de cette espèce ont un optimum de 20° à 30°, et paraissent être plus vigoureuses sur les milieux additionnés d'une petite quantité de sel. La lumière semble n'avoir pas d'action sur leur développement, ni sur la production de leur lumière dont l'intensité paraît être maxima de 25° à 30°. Cette espèce liquéfie la gélatine.

Le *Bacterium phosphorescens* émet dans l'obscurité une lumière d'un vert émeraude ayant quelque ressemblance avec celle des sulfures alcalino-terreux employés pour la fabrication des porte-allumettes éclairants. En regardant avec une loupe, dans l'obscurité, la culture de ce *Bacterium*, on voit un scintillement continuel. Cette espèce se développe le plus vite aux températures de 6° à 10°, quand on la transporte sur un morceau de Poisson. Elle ne liquéfie point la gélatine.

Il est à peu près certain que dans les Bactériacées photogènes, la lumière est émise par toute la surface du végétalcule, mais je ne saurais dire si la substance photogène reste toujours à l'intérieur de la Bactériacée ou s'il se produit une sécrétion lumineuse qui entoure l'être en question. L'extrême petitesse de ces Algues, dont les dimensions s'évaluent par millièmes de millimètre, est, on le conçoit sans peine, un obstacle considérable pour de telles recherches.

NOCTILUQUE MILIAIRE

J'ai fait connaître précédemment (p. 30 et fig. 4) la forme et l'organisation de la Noctiluque miliaire ; je rappellerai seulement ici que la luminosité est produite par son protoplasma, et que l'on ne constate pas, chez cet animalcule, la moindre trace d'organe photogène, ce qui, d'ailleurs, est évident à priori, puisque les Noctiluques sont des êtres unicellulaires.

La Noctiluque miliaire joue un rôle considérable dans la production du phénomène de la mer lumineuse, sur un très-grand nombre de points des zones littorales, grâce au nombre immense de ces animalcules réunis en couche à la surface de la mer. Il convient d'ajouter que cet animalcule ne produit aucune sécrétion externe de substance lumineuse qui puisse, en se mélangeant avec l'eau, lui faire présenter ce phénomène.

De Quatrefages, à qui j'emprunte presque tous les faits qui suivent concernant la Noctiluque miliaire, a bien décrit le phénomène de la luminosité de la mer, produit par ces animalcules. Sur la côte du Pas-de-Calais, à Boulogne, les vagues présentaient, vues de loin, une teinte parfaitement uniforme d'un blanc mat pâle. On aurait presque dit une simple écume résultant du choc de l'eau contre la plage. A un demi-jour dans les circonstances les plus favorables, c'est tout ce qu'il put distinguer à une distance de 60 à 70 mètres. A mesure qu'il se rapprochait de la mer, cette apparence changeait ; en avançant vers le rivage, les vagues semblaient couronnées par une légère flamme bleuâtre, que A.-C. Becquerel a justement comparée à celle d'un bol de punch, et en se brisant elles rendaient la luminosité des Noctiluques plus vive et plus blanche. Arrivé tout à fait au bord du rivage, de Quatrefages vit ces vagues présenter souvent l'aspect du plomb fondu ou de l'argent fondu, semées d'un nombre infini de petites étincelles d'un blanc vif ou d'un blanc verdâtre.

En se brisant sur le sable presque horizontal de la petite anse de Boulogne appelée le « Parc aux huîtres », les vagues, quelque peu élevées qu'elles fussent, couvraient un espace assez étendu; tout cet espace présentait alors une teinte uniforme blanche et luisante, sur laquelle se détachaient des myriades d'étincelles beaucoup plus vives et d'une teinte verdâtre ou bleuâtre.

A mesure que l'eau était absorbée par le sable, un cordon plus fortement lumineux indiquait la limite de l'eau. Cet effet était surtout très-marqué dans les petites cavités que présentait la plage ; dans ces endroits, le cordon lumineux formait des courbes concentriques qui se rétrécissaient à mesure que ces petits bassins s'épuisaient.

En promenant un peu rapidement dans l'eau un long bâton, le trajet présentait, dans toute son étendue, l'aspect d'une lame d'argent. De l'eau prise au hasard et versée d'une certaine hauteur ressemblait complétement à de l'argent fondu, et les moindres éclaboussures avaient la même apparence. Ces éclaboussures laissaient sur les mains et les habits des taches luisantes d'un éclat fixe, assez persistantes. Les mains plongées dans l'eau de la mer en ressortaient d'abord entièrement lumineuses, mais au bout de quelques secondes, elles étaient seulement marquées de nombreuses taches luisantes dont l'éclat constant et sans étincelles était assez durable.

La partie du rivage abandonnée depuis peu de temps par la marée ne présentait d'abord aucune trace de luminosité; mais au moindre ébranlement, elle devenait lumineuse et paraissait littéralement s'embraser sous les pas de l'observateur.

La lumière émise dans des vases par les Noctiluques bien vivantes et bien reposées est d'un beau bleu clair. Le plus léger ébranlement suffit pour déterminer l'apparition de cette lumière, et, dans une chambre obscure, les moindres ondulations du liquide se manifestent par des lignes plus lumineuses. La lumière en question s'étend comme une flamme sur toute la surface du vase, dans toute l'épaisseur d'une colonne de ces animalcules amoncelés dans un tube, mais elle s'éteint très-rapidement. Elle se manifeste de nouveau, en devenant plus blanche, si l'on secoue violemment le tube, et, par ces secousses, on arrive à déterminer l'émission d'une lumière presque entièrement blanche, semblable à celle que présentent ces animalcules dans leurs conditions naturelles, à la surface des vagues.

A un grossissement de 6 à 8 diamètres on reconnaît déjà que parmi les Noctiluques, il en est qui sont lumineuses dans toute l'etendue de leur corps, tandis que chez d'autres, la luminosité n'est que particlle;

A un grossissement de 10 à 12 diamètres on reconnaît aussi que la lumière se montre souvent d'une façon alternative sur divers points du corps;

A un grossissement de 20 à 30 diamètres, le corps des Noctiluques présente, totalement ou partiellement, une lumière uniforme;

A un grossissement de 60 diamètres, les parties lumineuses apparaissent déjà comme étant composées d'un fond blanc, sur lequel se détachent çà et là de très-petits points brillants qui paraissent et disparaissent;

A un grossissement de 150 diamètres, la façon dont se produit l'émission de la lumière devient bien nette. Chaque point lumineux du corps se montre composé d'un semis de petites étincelles instantanées, très-rapprochées au centre, clair-semées sur les bords. On en voit parfois qui éclatent sur la limite de cette sorte de nébuleuse, ou même à une certaine distance.

En résumé, l'étincelle, qui paraît simple à l'œil nu, est, en réalité, composée d'un nombre infini de petites étincelles. Chacune de ces grandes étincelles, suivant l'excellente comparaison donnée par de Quatrefages, est en quelque sorte une nébuleuse que l'on résout en employant des grossissements suffisants, seulement cette nébuleuse, au lieu d'être formée d'étoiles émettant constamment de la lumière, est composée de petites étincelles éphémères.

La figure 38 montre parfaitement là résolution d'un point lumineux du corps d'une Noctiluque en un très-grand nombre de petites étincelles.

Fig. 38. — Point lumineux du corps d'une Noctiluque miliaire.
(240 diamètres.) (D'après de Quatrefages.)

La luminosité par éclairs, accompagnés d'une lumière bleuàtre passagère, ne se manifeste que chez les Noctiluques bien portantes et bien reposées. A mesure que les excitations deviennent plus fréquentes, la lumière devient de plus en plus blanche, fixe, et envahit peu à peu tout le corps. La manifestation de cette luminosité fixe annonce que l'animalcule est malade, et quand elle se montre sur tout le corps, c'est un signe de mort prochaine, ou, d'une façon plus exacte, c'est un signe que la Noctiluque ne possède plus que cette excitabilité que l'on constate jusque chez de simples fragments du corps de cet animalcule. Ces individus à demi-morts et ces fragments émettent une lumière pâle, blanche et fixe. La lumière fixe est produite aussi par des points lumineux scintillants, mais ces points sont bien plus petits et bien plus rapprochés que les étincelles qui produisent la luminosité par éclairs, accompagnés d'une lumière bleuâtre passagère.

Pendant la nuit, au moment du contact des Noctiluques placées dans une goutte d'eau avec le verre supérieur du compresseur, il se manifeste une étincelle d'autant plus vive que ces animalcules sont retirés depuis moins de temps de leur milieu normal et sont mieux reposés. Lorsqu'on rapproche les verres supérieur et inférieur du compresseur, de manière à exercer une pression sur les Noctiluques, on voit souvent un anneau lumineux se former tout autour des deux plans de contact de chaque animalcule. A un grossissement suffisant, cet anneau se résout en petites étincelles. Quand on écrase des Noctiluques, il se produit ordinairement un éclair assez vif ; puis, après quelques instants, les lambeaux du corps se plissent et dégagent une luminosité fixe.

F. Henneguy a étudié l'influence de la lumière solaire sur la luminosité de ces animalcules. Des Noctiluques, conservées dans un vase en verre devant une fenêtre bien éclairée, furent mises au milieu de la journée dans un cabinet obscur. L'agitation de l'eau ne donna lieu à aucune production de lumière. Le vase fut laissé dans le cabinet obscur, et en rentrant dans ce cabinet une demi-heure après, Henneguy observa immédiatement la luminosité, qui était peu accentuée. Alors, il exposa de nouveau les Noctiluques à la lumière du jour pendant une heure, puis il les replaça dans le cabinet noir. La luminosité ne se manifestait pas et ne se montra qu'après un nouveau séjour de trois quarts d'heure dans l'obscurité. Henneguy répéta plusieurs fois cette expérience, qui lui donna toujours le même résultat. Les Noctiluques ne sont donc pas lumineuses pendant le jour, et n'émettent de nouveau leur luminosité qu'après un séjour d'au moins une demi-heure dans un endroit privé de lumière. Il faut, en général, une heure d'obscurité pour que la lumière ait acquis à peu près l'intensité qu'elle présente pendant la nuit. Dans ces expériences, l'observateur se mit en garde contre les erreurs qui auraient pu être causées par le défaut de sensibilité de la rétine.

L'augmentation ou la diminution de la salure de l'eau, le lait, le chlore, les acides sulfurique, azotique, chlorhydrique, sulfhydrique, l'ammoniaque, l'alcool, l'essence de térébenthine, l'éther, le liquide d'Owen, déterminent dans le corps des Noctiluques, à des degrés très-variables d'énergie, d'abord des étincelles très-vives; puis une partie, et, finalement, la totalité de leur corps émet une luminosité blanche et fixe qui disparaît entièrement par la mort de l'animalcule; dès lors, aucune action ne peut déterminer une émission de lumière.

PENNATULIDÉS

Chez les Pennatules et genres voisins, vraisemblablement chez tous les Pennatulidés photogènes, la lumière émane exclusivement des Polypes sexuels et des Polypes rudimentaires ou Zooïdes.

Les organes photogènes des Pennatules consistent en huit cordons désignés par Panceri sous le nom de « cordons lumineux », qui adhèrent à la surface externe de la cavité gastro-vasculaire des Polypes sexuels et des Polypes rudimentaires, et se continuent dans chacune des papilles buccales des uns et des autres.

Ces huit cordons lumineux, très-mous et très-fragiles, sont constitués principalement par une substance contenue dans des cellules, qui a tous les caractères des corps gras, y compris celui de ne pas se décomposer aussitôt après la putréfaction des Polypes. Aux cellules renfermant la substance en question sont jointes des cellules multipolaires et des granulations albuminoïdes.

La substance photogène des cordons lumineux peut aisément, par la rupture de ces derniers, se répandre dans les différentes parties du Polypier, et s'échapper au dehors, communiquant sa luminosité aux corps qui entrent en contact avec elle.

Si l'on touche une Pennatule qui est dans des conditions physiologiques suffisamment bonnes, on obtient toujours une émission d'étincelles sur les bords polypifères, des séries de petites lueurs, comme si la lumière jaillissait du doigt ou de l'objet qui touche le Polype, allant toujours d'un Polype à l'autre ; et si l'on expérimente avec beaucoup de soin, en appliquant le stimulus sur un point quelconque de la colonie, on détermine des courants lumineux réguliers, les Polypes devenant rapidement lumineux les uns après les autres, ceux d'un prolongement latéral avant ceux du prolongement latéral le plus proche du même côté, et ainsi de suite.

La substance grasse des cordons photogènes peut produire de la lumière, non-seulement sous l'action d'excitations agissant directement sur les Polypes sexuels ou sur les Polypes rudimentaires, mais encore, — le fait est très-digne de remarque, — sous l'action de stimulus appliqués sur des points du Polypier où ne se trouve aucun Polype, voire même à l'extrémité inférieure du Polypier. L'excitation peut se transmettre dans toute la longueur de tous les prolongements latéraux du Polypier et déterminer des courants lumineux qui indiquent évidemment la direction et la rapidité de la transmission de l'excitation. A l'égard de leur direction, Panceri a donné les six schémas de la figure 39, qui montrent parfaitement les directions que prennent les courants lumineux, selon les différents points de la colonie où le stimulus est appliqué.

Dans le schéma 1, le stimulus S est appliqué à l'extrémité inférieure du Polypier, et détermine dans l'étendard (c'est-à-dire dans la partie où sont situés les Polypes sexuels et les Polypes rudimentaires), représenté par les lignes latéro-obliques de gauche et de droite et la partie correspondante de la tige du Polypier, un courant ascendant, indiqué par les flèches;

Dans le schéma 2, le stimulus est appliqué à

l'extrémité supérieure de l'étendard, et détermine un courant descendant;

Dans le schéma 3, le stimulus est appliqué au milieu de la tige de l'étendard, et détermine deux courants divergents à partir du point d'action

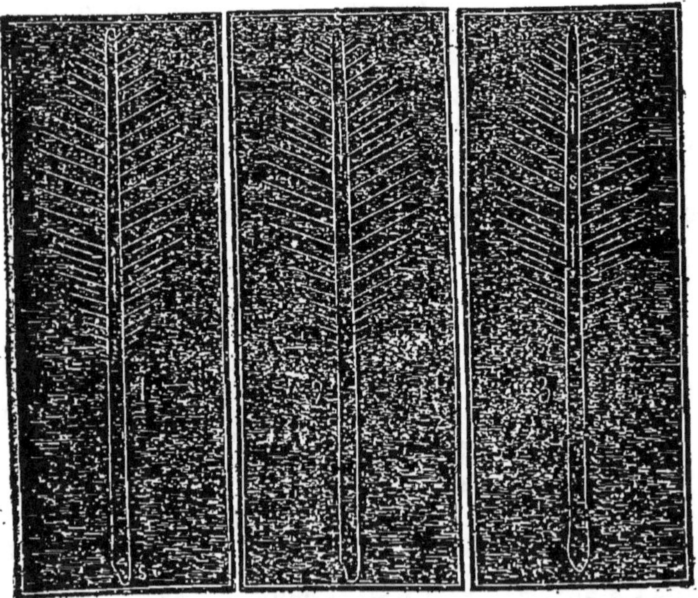

Fig. 39. — Schémas des courants lumineux dans une Pennatule.
(D'après Panceri.)

du stimulus : un courant ascendant et un courant descendant;

Dans le schéma 4, le stimulus est appliqué simultanément aux deux extrémités de l'étendard, et détermine deux courants convergents, qui cessent ordinairement de se manifester après s'être rencontrés ;

Dans le schéma 5, le stimulus est appliqué simultanément, comme dans le cas précédent,

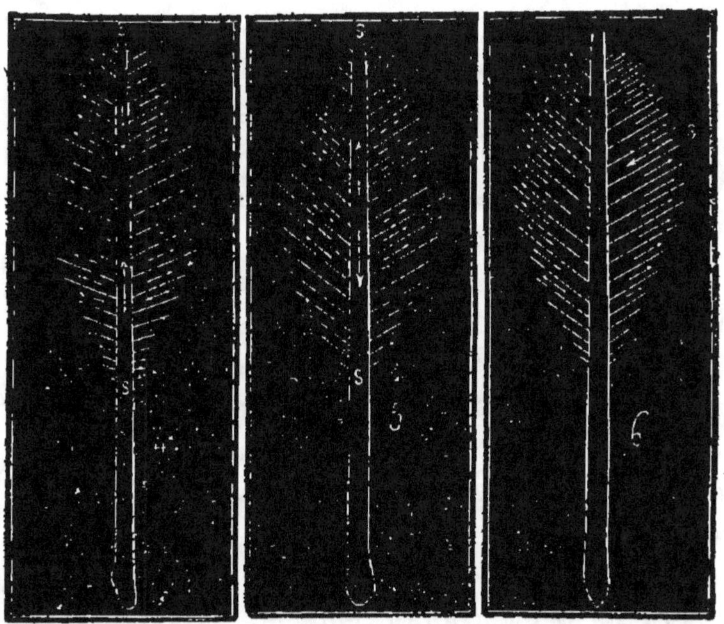

Fig. 39. — Schémas des courants lumineux dans une Pennatule.
(D'après Panceri.)

aux deux extrémités de l'étendard, mais les deux courants convergents, au lieu de s'arrêter à leur rencontre, ont continué leur marche. (Les deux flèches indicatrices de la marche de ces deux courants dans la tige de l'étendard, les représentent à un moment où ils se sont dépassés). Panceri n'a observé qu'une seule fois, chez une Pennatule très-sensible, ce fait de la continuation de la marche des deux courants après s'être rencontrés;

Enfin, dans le schéma 6, le stimulus, appliqué au sommet d'un prolongement latéral de l'étendard, détermine un courant dans ce prolongement, et, par suite, détermine dans tous les autres prolongements latéraux, des courants se dirigeant de la tige de l'étendard à la périphérie.

Voici quelques nombres obtenus par Panceri, sur la rapidité de ces courants :

Chez une *Pennatula rubra* Ell., le courant ascendant emploie ordinairement pour parcourir l'étendard : 1 seconde 1/8 au minimum; 3 secondes 1/5 au maximum; 2 secondes 1/5 en moyenne;

Chez une *Pennatula phosphorea* L. (fig. 6, p. 44), le même courant emploie ordinairement pour parcourir l'étendard : 1 seconde 1/3 au minimum; 2 secondes 4/5 au maximum; 2 secondes en moyenne.

Les nombres que Panceri a obtenus pour le courant descendant ne diffèrent pas de ceux qui sont indiqués dans les lignes précédentes.

Ce biologiste ayant remarqué dans toutes ses observations qu'il y avait un intervalle entre le moment de l'application du stimulus et l'apparition du courant, mesura cet intervalle et trouva qu'il était de 4/5 de seconde.

Les Pennatules, et sans doute les autres Pennatulidés photogènes, montrent donc, par des courants lumineux, la direction et la rapidité de la transmission d'une excitation appliquée sur un point quelconque de leurs colonies.

La substance photogène des Polypes sexuels et des Polypes rudimentaires des Pennatules, localisée dans les cordons producteurs de lumière, peut luire en dehors de ces organes lorsqu'elle est soumise à l'action du choc, du frottement, du réchauffement, du courant électrique, de l'eau douce, non-seulement aussitôt après son extraction des Polypes sexuels et des Polypes rudimentaires à l'état de vie, mais encore après leur décomposition.

Cette substance présente, dans l'ensemble de ses caractères, la plus grande ressemblance avec la substance grasse photogène que Panceri a trouvée chez différents animaux marins producteurs de lumière (Méduses, Cténophores, Chétoptères, Pholades).

Je dois ajouter que les renseignements concernant les Pennatulidés photogènes, indiqués dans les paragraphes qui précèdent, sont empruntés aux recherches importantes de Panceri.

MÉDUSES

La luminosité, chez les Méduses, se produit le plus souvent à la périphérie de l'animal : tantôt elle siége à la surface externe, totale ou partielle, du corps, tantôt à la surface des corps marginaux situés à la base des tentacules, tantôt à la surface des tentacules et de la membrane qui pend au-dessous de la couronne de ces organes. Cependant, le siége du pouvoir photogénique est aussi quelquefois à la surface de parties internes, tels que les canaux radiaires et les glandes génitales; et, de plus, la lumière produite à la périphérie de l'animal peut coexister avec la lumière produite à la périphérie de ces parties internes.

On croyait autrefois, à tort, que chez les Méduses, et, en général, chez les animaux qui rendent lumineux les corps avec lesquels ils entrent en contact, par le fait du mucus qui reste à la surface de ces corps, la luminosité avait pour siége ce mucus sécrété par eux.

Si l'on tient une Pélagie noctiluque entre les mains et que l'on frotte légèrement à plusieurs reprises, avec un linge, toute sa superficie, on la verra bien vite s'obscurcir. Cet obscurcissement coïncide sans aucun doute avec la chute de l'épithélium, qui est complétement enlevé, hormis dans les endroits où se trouvent des sillons et des creux, ainsi que l'on peut s'en assurer en plongeant ensuite dans de l'eau douce la Pélagie qui a subi ce traitement. En effet, cette eau détermine la luminosité du moindre lambeau d'épithélium subsistant dans les sillons et dans les creux, tandis que toutes les autres parties de la surface restent obscures et le resteront jusqu'à ce que leur épithélium se soit régénéré.

Nous savons aujourd'hui que le pouvoir photogénique des Méduses a son siége dans les cellules de l'épithélium de différentes parties externes et internes de ces animaux. Cette conclusion est le résultat des importantes recherches qu'a faites Panceri sur des Méduses photogènes, recherches auxquelles j'emprunte les faits suivants, relatifs à deux Méduses productrices de lumière : la *Cunina albescens* Ggbr. et la *Pelagia noctiluca* Péron et Lesueur.

La *Cunina albescens* est l'une des plus élégantes et des plus singulières Méduses de la Méditerranée. Elle présente l'éclat d'un cristal extrêmement pur et répand une lumière azurée d'une telle intensité, que par des temps sombres et pluvieux, Panceri put la voir, même en plein jour, en couvrant seulement l'animal avec la main.

La lumière que produit cette *Cunina* se manifeste seulement à la surface des tentacules et de la membrane qui pend au-dessous de la couronne de ces organes. Lorsqu'on observe au microscope ces tentacules et cette membrane, ils paraissent recouverts d'une pellicule épaisse et homogène, dans l'intérieur de laquelle sont éparses de très-nombreuses granulations jaunes très-réfrangibles. Il suffit d'une macération peu prolongée pour montrer comment cette pellicule se résout en un épithélium à cellules polyédriques dont chacune renferme des granulations semblables à des gouttelettes adipeuses.

Ainsi, chez cette espèce, la substance photogène est la substance grasse que contiennent les cellules de l'épithélium des tentacules et de la membrane en question.

Chez la Pélagie noctiluque (fig. 11, p. 55), la luminosité siége dans l'épithélium de la surface externe et dans celui des canaux radiaires et des glandes génitales. Si l'on examine, avec des grossissements suffisants, ce que contient le mucus lumineux de cette Pélagie, on y trouve deux sortes de corpuscules solides : des cellules urticantes et un très-grand nombre de cellules épithéliales qui ont la forme des cellules de l'épithélium pavimenteux et qui contiennent, outre un nucléus, des amas de granulations fines très-réfrangibles, d'un jaune variant de la couleur paille à la couleur orangée, auxquelles sont joints de petits grains de pigment rouge. Quelques-unes de ces cellules sont bourrées de ces granulations jaunes, et gonflées par elles à un tel point que le nucléus disparaît et qu'elles ont l'apparence de cellules dont le contenu est devenu adipeux. Par leur aspect et par leurs réactions, ces granulations ressemblent plus à de la graisse qu'à toute autre substance : ce sont elles qui produisent la lumière.

En stimulant un seul point de la surface du corps d'une Pélagie noctiluque, on observe que cette excitation, qui détermine une émission de lumière, se transmet à tout l'épithélium externe de l'animal.

CTÉNOPHORES

Pour déterminer avec précision le siége de la luminosité chez les Cténophores, Panceri, auquel j'emprunte les faits qui suivent concernant ces animaux, recherche si la lumière provient exclusivement des côtes ou si elle n'est pas produite aussi dans d'autres régions du corps. L'ablation des côtes, chez un Béroé ou un Ceste, lui permit de constater expérimentalement qu'avec le parenchyme seul du corps on n'obtient aucune lumière. Il rechercha ensuite quelles sont les parties des côtes et les parties en connexion avec ces côtes, qui jouissent du pouvoir photogénique, et put s'assurer que la luminosité est produite par une substance particulière contenue dans des vésicules microscopiques de différentes grandeurs, n'ayant jamais le caractère de vraies cellules, car elles sont toujours dépourvues de nucléus. Cette substance photogène est d'une couleur jaunâtre, en partie soluble dans l'éther et dans l'alcool, et susceptible de se coaguler partiellement.

D'une façon générale, la substance photogène est distribuée en forme de gaîne autour des troncs gastro-vasculaires des huit côtes chez le *Beroe ovata* d. Chiaje, chez des *Cydippe*, dont une espèce est représentée dans ce volume (fig. 13, p. 58), etc. Toutefois, chez le *Cestus Veneris* Lesueur (fig. 14, p. 59) et le *Beroe Forskali* Chun (fig. 15, p. 60), il n'en est pas ainsi.

Dans le *Cestus Veneris*, non-seulement les canaux des deux côtes supérieures sont photogènes, mais le canal marginal inférieur, qui, chez d'autres Cténophores, n'est pas entouré de substance photogène, et les canaux appelés par Henri Milne Edwards « canaux costaux des petits ambulacres », jouissent aussi du pouvoir photogénique.

Le *Beroe Forskali* diffère du *Beroe ovata* en ce que les canaux secondaires, qui partent des huit canaux principaux des côtes, ne se terminent pas en cul de sac, comme le fait a lieu dans la seconde espèce. Après s'être un peu ramifiés, ces canaux secondaires se répandent dans le corps et s'anastomosent entre eux de manière à constituer un réseau envahissant tout le corps de l'animal. Si l'on met ces deux espèces dans l'obscurité, et qu'on les stimule, on voit que chez le *Beroe ovata* la lumière se manifeste seulement le long des huit côtes, tandis que chez le *Beroe Forskali* elle se manifeste aussi dans le réseau gastrovasculaire dont je viens de parler. N'importe où l'on touche ce *Beroe*, on voit briller ce réseau dans la partie excitée, et si on le secoue, il s'illumine en totalité. L'analyse microscopique a démontré que chez le *Beroe Forskali*, la substance photogène revêt les canaux costaux et entoure aussi les canaux secondaires du réseau gastrovasculaire en question.

Ainsi, chez le Ceste de Vénus et le Béroé de Forskal, la substance photogène entoure aussi des canaux auxquels ne correspond pas le système de palettes ciliées vibratiles que possèdent les Cténophores.

Les Béroés ne brillent guère lorsqu'ils sont abandonnés à eux-mêmes; par contre, si on les stimule, ils émettent par leurs côtes des éclairs très-vifs, qui se produisent chaque fois que l'excitation est renouvelée. Si l'un de ces animaux, retiré de l'eau et mis sur un support plat, est touché à l'une de ses côtes avec un corps quelconque, il s'illumine, et la lumière présente l'apparence de courants qui partent du point d'application du stimulus et envahissent rapidement le reste de la côte. En excitant l'animal vers le milieu d'une côte, on obtient deux courants lumineux divergents qui, ordinairement, arrivent jusqu'aux deux points extrêmes de cette côte, mais qui parfois s'arrêtent à moitié chemin. Ces courants rappellent ceux que l'on observe chez les Pennatules, les Pyrosomes, etc.

Si l'on expérimente avec beaucoup de précaution, on constate aisément ces faits; par contre, si le choc imprimé à l'une des côtes d'un Béroé se transmet à la masse gélatineuse de l'animal, et si ce Béroé commence à trembler, toutes les côtes s'illuminent presque en même temps.

Pour obtenir une illumination complète et simultanée des huit côtes d'un Béroé, il suffit de prendre un individu dans le creux d'une main et de le faire passer ensuite brusquement dans l'autre. En opérant ainsi, non-seulement on détermine une illumination très-rapide de toutes les côtes, mais l'animal devient si brillant que l'on pourrait, dans l'obscurité, reconnaître une personne dont la figure serait éclairée par lui, ou lire des lignes imprimées.

En continuant cette expérience, on voit, après un temps très-court, s'épuiser le pouvoir photogénique du Béroé : lorsqu'il a émis quarante à cinquante éclairs consécutifs, qui se produisent en une minute environ, la luminosité cesse complétement de se manifester, mais un quart d'heure environ suffit pour le rendre de nouveau capable d'émettre de la lumière.

Si l'on broie avec la main un Béroé plongé dans de l'eau de mer, on voit immédiatement l'eau du récipient où il se trouve présenter une multitude de points brillants qui perdent leur éclat au bout de peu de temps, mais qui le manifestent de nouveau dès que l'on agite l'eau du récipient. En blessant, profondément l'une des côtes d'un individu de ce Cténophore et en le plaçant ensuite dans l'eau, on voit s'échapper de la blessure une quantité de points brillants qui se répandent dans le liquide. Enfin, si, dans l'obscurité, on lance un Cydippé, un Eucharis, un Béroé ou un fragment de Ceste, à terre ou contre un mur, on voit, au moment du choc, un éclair émaner des fragments du corps de ces animaux.

La chaleur n'exerce pas une grande influence sur la luminosité des Béroés. En chauffant l'eau de mer dans laquelle est placé un de ces animaux, on détermine l'émission d'éclairs discontinus; mais la luminosité cesse complétement de se produire entre 40° et 50°. En abaissant la température de l'eau douce ou de l'eau de mer jusqu'à un degré, et même jusqu'à zéro, on obtient les mêmes effets que dans les conditions naturelles de température.

Si l'on place un Béroé tout entier entre les électrodes d'une pile, même d'une force considérable, aucun phénomène lumineux ne se produit, parce que le parenchyme du Béroé n'est pas bon conducteur de l'électricité; par contre, si l'on soumet à l'action d'un courant électrique un fragment de côte avec le canal gastro-vasculaire correspondant entouré de sa substance photogène, ce fragment brille chaque fois que le courant y passe.

L'action de la lumière sur la luminosité des Béroés et d'autres Cténophores est un phénomène d'un grand intérêt. Allman fut le premier à le constater, mais il ne fit à cet égard aucune recherche spéciale. La lumière directe du soleil, la lumière diffuse, celle des lampes à l'huile ou au pétrole, la lumière du gaz d'éclairage, privent promptement les Béroés de leur pouvoir photogénique. Si l'on place dans la chambre obscure des individus ayant subi l'influence de la lumière, on constate que les stimulus ne peuvent alors déterminer la luminosité. En laissant tranquilles ces animaux dans l'obscurité, on voit, après quelque temps, se manifester des éclairs; et si on les stimule au bout d'un quart ou d'une demi-heure après les avoir soustraits à l'action de la lumière, on constate que leur pouvoir photogénique s'exerce comme auparavant. Il est bien entendu que dans ces expériences, les conditions doivent toujours être identiques, et que jamais les yeux de l'observateur ne doivent subir l'influence d'une lumière extérieure. Panceri fit aussi des expériences pour savoir si la luminosité, après avoir cessé de se produire sous l'action de la lumière, se manifesterait sous l'influence de la chaleur ou de l'électricité. Ces expériences furent négatives; jamais il ne vit briller les Béroés avant que ces animaux ne fussent restés pendant un certain temps sans produire de lumière.

L'eau douce rend fixe la lumière des Béroés. En écrasant un Béroé dans ce liquide, la lumière persiste pendant une heure, et si l'on met la substance photogène sur une petite bande de papier, on peut, après que la lumière a cessé de se produire, déterminer de nouveau sa production en trempant la bande de papier dans l'eau douce, même dans l'eau qui a bouilli ou dans l'eau distillée.

Les acides énergiques font cesser très-vite la luminosité. L'alcool, l'éther, l'ammoniaque, etc., agissent d'abord comme stimulus, et un Béroé, plongé dans l'un de ces liquides, devient lumineux, mais bientôt la luminosité cesse de se manifester dès que ces liquides arrivent en contact avec la substance productrice de la lumière.

J'ajouterai que le pouvoir photogénique des Béroés ne dure que peu de temps après la mort de l'animal, et que les côtes, séchées, soit à part, soit avec les autres parties du corps, ne redeviennent pas lumineuses par le frottement, par l'action de l'eau douce ou par l'action de l'ammoniaque.

POLYNOÉ A COLLIER

Panceri croyait que la luminosité des élytres de la plupart des Polynoés, — genre de Vers dont j'ai fait représenter une espèce qui n'est peut-être pas photogène : le Polynoé aréolé (fig 17, p. 73), — est due aux nombreux filets nerveux qui existent dans l'épaisseur de ces organes et dont le nombre serait, d'après lui, disproportionné avec les fonctions nerveuses de ces appendices tégumentaires. Etienne Jourdan, qui a examiné avec beaucoup de soin la structure intime des élytres d'un Polynoé photogène : le Polynoé à collier (*Polynoe torquata* Clapar.), a fait remarquer que le *Polynoe Grubeana* Clapar., le *Pontogenia chrysocoma* Clapar., l'*Hermione hystrix* Sav., ont des élytres au moins aussi riches en nerfs que celles du *Polynoe torquata*, et que néanmoins ces Annélides Polychètes errantes sont dépourvues de la propriété photogénique. De plus, il a constaté, en examinant une élytre de *Polynoe torquata* immédiatement après avoir été détachée de l'animal, que la luminosité se produit dans une région bien déterminée de l'élytre, autour de l'élytrophore. En pratiquant ensuite des coupes dans une élytre de cette Annélide, coupes dont l'une d'elles est représentée par la figure 40, et en étudiant les éléments anatomiques situés dans la région lumineuse, il a reconnu l'existence de cellules particulières offrant tous les caractères des cellules à mucus et faisant partie de l'épiderme de la face inférieure de l'élytre (fig. 40, *ph*). Ces cellules lui ont paru identiques à celles qui, chez le Chétoptère (Annélide Polychète sédentaire), sécrètent un mucus lumineux; et, d'après

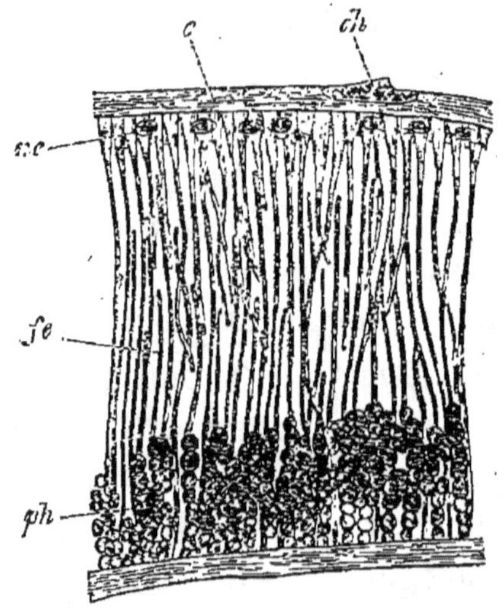

Fig. 40. — Coupe longitudinale d'une élytre de Polynoé à collier : *ph*, cellules de l'épiderme de la face inférieure de l'élytre transformées en cellules à mucus photogènes; *fe*, fibrilles épidermiques; *ne*, noyaux de l'épiderme; *c*, cuticule; *ch*, plaque chitineuse. (Très-grossi.) (D'après Etienne Jourdan.)

lui, chez le *Polynoe torquata*, comme chez les autres Annélides, la luminosité est liée à l'existence de cellules à mucus.

EUPHAUSIES

A l'égard des globules photogènes des *Euphausia*, dont j'ai parlé précédemment (p. 84), voici des renseignements que j'emprunte aux importantes recherches de G.-O. Sars.

Ces organes photogènes, de forme parfaitement globuleuse, ont une structure très-complexe dont plusieurs particularités leur donnent une grande ressemblance avec la structure des yeux chez les Vertébrés.

Une cuticule assez épaisse et douée d'élasticité constitue l'enveloppe externe du globule photogène, qui, chez les individus frais, est recouverte, dans sa moitié postérieure, d'un beau pigment rouge, tandis que sa partie antérieure est tout à fait transparente. A la jonction de ces deux parties hémisphériques, on voit, à l'intérieur, un anneau étincelant qui entoure, dans le milieu du globule, un corpuscule lenticulaire fortement réfractif. L'hémisphère postérieur du globule est rempli d'une substance cellulaire, au milieu de laquelle est étendu un faisceau flabelliforme composé de fibres extrêmement délicates présentant, chez les individus frais, une très-belle irisation. A la zone équatoriale du globule sont insérés deux ou trois muscles minces qui, dans une certaine limite, peuvent le faire tourner en tous sens. La substance photogène principale réside dans le faisceau fibreux. Lorsqu'on écrase le globule et que l'on en retire le faisceau en question, ce

dernier continue à émettre une lumière relativement vive, quand elle est vue dans l'obscurité.
Le corpuscule lenticulaire, placé juste en avant
de cette substance fibreuse, peut, comme le
suppose G.-O. Sars, jouer le rôle de condensa-
teur et former un vif jet de lumière dont la direction peut changer à la volonté de l'animal,
en faisant simplement tourner le globule au
moyen de son appareil musculaire. Le pigment
recouvrant la partie postérieure du globule et la
transparence de la partie antérieure peuvent
aussi être aisément interprétées comme servant
dans la fonction photogénique.

Si les globules photogènes des *Euphausia* sont
uniquement des organes producteurs de lumière,
comme l'admet G.-O. Sars, par contre, pour
Edmond Perrier, il n'est point démontré qu'ils
ne servent pas aussi à la vision.

GÉOPHILIDÉS

J'ai indiqué au chapitre VIII, dans les paragraphes consacrés aux Myriopodes (p. 92), les
opinions de Raphaël Dubois, de Macé et de
J. Gazagnaire, à l'égard du siége du pouvoir
photogénique chez les Géophilidés qu'ils avaient
étudiés.

Voici, relativement à ce sujet, l'opinion actuelle (avril 1889) de Raphaël Dubois, qui a bien voulu me la faire connaître par lettre : Depuis les observations qu'il fit sur des *Scolioplanes crassipes* C. Koch lumineux, recueillis par lui près de la ville d'Heidelberg, il a eu l'occasion d'observer des individus de cette espèce qui excrétaient une substance lumineuse par tous les segments de leur corps, mais cette excrétion était très-passagère et il ne put en préciser les points. Il lui sembla que la substance lumineuse coulait des pattes, car de petites taches lumineuses, laissées sur le papier où était le Myriopode, formaient deux rangées parallèles que l'on voyait en retirant l'animal, et ces taches étaient à peu près à la même distance les unes des autres que les pattes. Toutefois, il est bien certain que ce Scolioplane est lumineux sans qu'il se produise aucune excrétion, soit par les segments, soit par l'anus. Avec F. Henneguy, il rechercha vainement les glandes cutanées dont parle J. Gazagnaire. Dans les téguments du Scolioplane crassipède on trouve, en dehors des glandes préanales, de nombreux petits tubes correspondant à de petits pertuis, tubes décrits et figurés chez différents Myriopodes, mais rien qui soit de nature glandulaire. Comment expliquer, dit Raphaël

Dubois, la luminosité de toute la ligne médiane du corps, lorsqu'on excite un individu non lumineux de cette espèce, si la substance photogène est produite par des glandes cutanées ? Cet éminent biologiste fit l'expérience suivante : il prit un Scolioplane crassipède qui n'émettait plus de lumière par l'excitation mécanique, et le plaça dans un verre de montre qu'il fit flotter sur de l'eau chaude, dans le cabinet noir. Sous l'influence de la chaleur, la ligne médiane du corps devint lumineuse d'un bout à l'autre, et il ne fut pas possible de constater sur les doigts la moindre trace de substance lumineuse.

Le siége de la production de la substance photogène est donc profond. Raphaël Dubois pense que cette production a lieu dans les cellules épithéliales du tube digestif, cellules dont la fonte mettrait en liberté la substance en question, et que c'est seulement lorsque cette substance est très-abondante qu'elle peut suinter, soit par les pores cutanés, soit par les stigmates, soit par le tube digestif ou ses annexes. Il y a lieu, dit Raphaël Dubois, de revoir encore cette question, et il pense pouvoir, à l'automne prochain, se procurer les éléments nécessaires pour la résoudre complétement.

Selon Macé, la substance photogène est produite dans des amas glandulaires localisés, qui, chez les deux espèces observées par lui (voir p. 92), sont situés dans les deux segments postérieurs de l'animal, amas auxquels il donna le nom de « glandes préanales ». Macé a eu le tort de localiser dans ces glandes la production de la substance photogène.

J. Gazagnaire a étudié le pouvoir photogénique de l'*Orya barbarica* Gerv. Tous les exemplaires de cette espèce capturés par lui ont été lumineux sur toute la surface ventrale du corps, y compris le premier et le dernier segment. Le simple contact, la pression, déterminent la luminosité, qui est totale ou localisée dans un ou dans plusieurs segments.

La luminosité se manifeste sur les lames sternales et les lames antérieures et postérieures des épisternums, où, avec un grossissement suffisant, on voit de nombreux pores. Sur les lames sternales, les pores sont groupés en ellipse, les bords des lames étant presque tangents à l'ellipse, et l'intérieur de l'ellipse présentant, à droite et à gauche, une dépression peu marquée, transversale et linéaire. Sur le milieu des lames épisternales, les pores limitent un espace à peu près arrondi.

Par le contact, la pression, les pores excrètent

une substance photogène jaunâtre et visqueuse. Au contact de l'air, cette substance se dessèche assez rapidement; elle est insoluble dans l'alcool.

La substance en question, qu'il est facile de voir suinter par les pores, de voir se ramasser dans les petites dépressions signalées précédemment, d'où elle s'étend sur toute la surface des plaques sternales, et des plaques épisternales antérieures et postérieures, émet une lumière intense, assez persistante et d'un bleu verdâtre.

En résumé, d'après J. Gazagnaire, la substance photogène de l'*Orya barbarica* est sécrétée dans des organes glandulaires cutanés, répandus à la face ventrale du corps et débouchant par des pores à l'extérieur.

LAMPYRINÉS

A l'égard des Lampyrinés photogènes, je dois me borner, dans cet ouvrage, à indiquer seulement différentes observations extraites d'un mémoire important de Carlo Emery sur la *Luciola italica* L. et quelques-uns des résultats que Heinrich von Wielowiejski a déduits de ses importantes études sur les Lampyrinés.

Selon Emery, les Lucioles italiques mâles émettent leur lumière de deux façons différentes: Lorsque, dans la nuit, ils volent ou ils marchent, la lumière augmente et diminue à des espaces de temps courts et réguliers, produisant ainsi une lumière scintillante. Si l'on prend un mâle qui vole, si l'on excite, pendant le jour, un mâle au repos, ou si l'on enlève l'abdomen à un mâle, ils brillent assez fortement, mais pas, à beaucoup près, d'une façon aussi vive qu'au maximum de la lumière scintillante. Dans ces trois cas, la lumière est constante; toutefois, on observe, particulièrement chez les individus blessés, que les plaques photogènes ne brillent pas uniformément dans toute leur étendue, mais plus fortement tantôt à telle place, tantôt à telle autre.

On comprend facilement que l'observation microscopique de la lumière scintillante n'est pas possible. Par contre on peut, sans difficulté, placer sous le microscope un individu luisant d'une façon constante ou un abdomen séparé de l'animal, et l'examiner avec un grossissement assez fort. Si l'on fait les observations dans un cabinet noir, on voit, sur le fond obscur, des anneaux luisant d'une vive lumière. Ces anneaux ne sont pas uniformément lumineux, mais présentent des points plus brillants qui, sans règle, produisent une clarté subite et vive, puis s'éteignent, ou continuent à émettre de la lumière, qui alors est pâle, mais qui aura bientôt un éclat plus vif. Il se peut aussi qu'une partie de la plaque photogène soit tout à fait obscure et qu'une autre partie émette une vive lumière. J'ajouterai que la situation des anneaux reste la même.

D'après Wielowiejski, le pouvoir photogénique des Lampyrinés siége exclusivement dans les cellules parenchymateuses des organes photogènes. Il est le résultat de l'oxydation lente d'une substance produite sous l'action du système nerveux. Les cellules parenchymateuses contenues dans les deux couches que des histologistes ont trouvées dans les organes photogènes ventro-abdominaux sont tout à fait semblables entre elles par leur forme extérieure, leur grosseur, leurs rapports avec les trachées et les nerfs. La différence qu'elles présentent réside uniquement dans la nature chimique de leur contenu. Ces cellules (toutes ?) sont unies à de fines terminaisons nerveuses.

PYROPHORE NOCTILUQUE

C'est, sans conteste, à l'éminent biologiste Raphaël Dubois que l'on doit le mémoire de beaucoup le plus important sur le pouvoir photogénique chez les Insectes, mémoire où il a fait connaître ses nombreuses recherches anatomo-expérimentales sur l'une des espèces les plus lumineuses des Pyrophorités photogènes : le Pyrophore noctiluque (*Pyrophorus noctilucus* L.) dont j'ai parlé précédemment (p. 133 et fig. 26). J'emprunte à ce mémoire ayant pour titre *Les Elatérides lumineux*, tous les renseignements qui, dans ce chapitre, concernent cette espèce.

L'œuf de ce Pyrophore est lumineux ; il a cette faculté avant le développement de la larve dans son intérieur, avant même que la segmentation soit commencée, ce qui prouve que la substance préembryonnaire elle-même est photogène. Par suite du pouvoir photogénique de cette substance préembryonnaire, qui se différencie pour produire la larve, il y a continuité de ce pouvoir entre l'œuf, avant même qu'il se segmente, et la larve, qui, par ce fait, est déjà lumineuse dans la coque de l'œuf.

Au sortir de l'œuf, cette larve (fig. 26, p. 134) présente une longueur moyenne de trois millimètres. La luminosité des larves ayant deux millimètres de long est assez forte pour permettre de la distinguer à une distance de un ou deux mètres, dans l'obscurité absolue; mais cette luminosité n'est pas suffisante pour être perçue dans les endroits très-éclairés.

Raphaël Dubois ne vit ces larves émettre spontanément de la lumière que pendant la nuit;

toutefois, on peut les forcer à luire quand on le veut, soit en les touchant, soit en les excitant par l'électricité, soit, et ce moyen est de beaucoup préférable aux deux précédents, en élevant progressivement la température à 35°-38°.

La lumière émise par la larve au premier âge a une teinte bleuâtre qui se rapproche plutôt de celle du Lampyre noctiluque que de la belle lumière verdâtre de ce Pyrophore à l'état parfait.

Chez la larve au premier âge, la luminosité est produite par un organe photogène unique, situé dans la partie postérieure de la tête, dans la partie antérieure du prothorax et dans la partie comprise entre ces deux segments (fig. 41). Ce foyer de lumière peut se déplacer très-légèrement, selon les mouvements de la larve, tantôt un peu en avant, tantôt un peu en arrière. Malgré des observations très-attentives dans les conditions les plus variées, Raphaël Dubois ne put apercevoir ailleurs, chez cette larve au premier âge, la moindre trace de luminosité. Cet organe médian céphalo-prothoracique est composé de deux moitiés symétriques, lesquelles, vues par transparence, offrent l'aspect de deux masses protoplasmiques hyalines remplies des granulations particulières biréfringentes que l'on trouve dans les organes photogènes de l'adulte. Ces deux masses paraissent être entourées d'une très-fine membrane translucide.

Si, au premier âge, la larve de ce Pyrophore ne possède qu'un seul organe photogène ; par contre, au deuxième âge, elle en a plusieurs. Après la seconde mue, chez les larves qui sont arrivées à une longueur de douze à quinze millimètres, on voit apparaître dans la région abdominale, depuis le premier segment jusqu'à l'avant-dernier inclusivement, des points lumineux dont les contours sont d'abord mal délimités. Mais, dès que

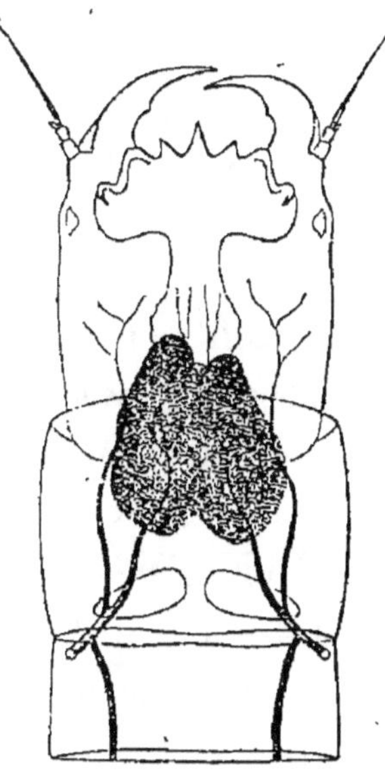

Fig. 41. — Organe photogène de la larve au sortir de l'œuf du Pyrophore noctiluque. (Grossie 55 fois.) (D'après Raphaël Dubois et Jules Künckel d'Herculais.)

les larves sont parvenues à une longueur de quinze à dix-huit millimètres, ces points sont mieux circonscrits et bientôt se montrent disposés en rangées parfaitement régulières.

L'organe médian céphalo-prothoracique de la larve au premier âge a persisté ; mais sa forme s'est un peu modifiée ; elle présente alors celle d'un λ, avec deux points plus lumineux et bien délimités, situés à l'extrémité des branches postérieures, points qui luisent parfois isolément.

On ne constate, dans le thorax, aucune luminosité autre que celle qui émane de la partie antérieure du prothorax, où se trouve la partie postérieure de l'organe photogène céphalo-prothoracique. Les huit premiers segments abdominaux portent chacun trois points photogènes : deux latéraux très-lumineux, et un médian qui émet une lumière plus faible et semble n'être que le reflet des deux autres vu par transparence. Ces points photogènes sont disposés en trois rangées longitudinales qui s'étendent depuis le bord postérieur du premier segment de l'abdomen jusqu'au bord postérieur du huitième segment abdominal. Le neuvième segment ne possède qu'un point photogène, plus gros et plus lumineux que les autres points abdominaux, mais inférieur à l'organe céphalo-prothoracique. Les points photogènes latéraux de l'abdomen sont limités à l'extérieur par une saillie de la cuticule en forme de mamelon, et sont situés à l'extrémité postérieure des bords latéraux de chaque segment, en arrière des stigmates avec lesquels ils n'ont aucun rapport direct.

La figure 42 représente une coupe menée perpendiculairement à l'axe longitudinal du corps, dans l'un des segments abdominaux d'une larve au deuxième âge. D'après cette figure, on peut croire que la substance photogène, qui est contenue dans l'organe *ap.l*, existe aussi dans la continuation latéro-supérieure de cette saillie de la cuticule. A ce sujet, Raphaël Dubois m'a fait savoir que tout l'intérieur de cette saillie latérale est constitué par du tissu adipeux, mais que dans l'organe photogène *ap.l*, il s'effectue des phénomènes

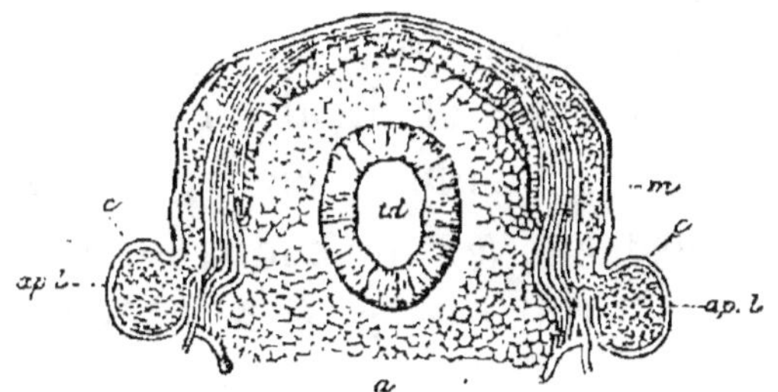

Fig. 42. — Coupe transversale dans l'un des segments abdominaux de la larve au deuxième âge du Pyrophore noctiluque : *ap.l*, organe photogène ; c, cuticule; *m*, masses musculaires ; *a*, tissu adipeux ; *td*, tube digestif. (Fortement grossi.)

d'histolyse accompagnés d'une production de lumière, tandis que dans la continuation latérosupérieure de cette saillie, ces phénomènes d'histolyse n'ont pas lieu, et il ne s'y produit pas de lumière. On aurait dû mettre un pointillé dans l'organe *ap.l*, pour indiquer les granulations histolytiques.

La lumière émanant de tous les points photogènes a la même couleur, au moins chez les larves du deuxième âge ; celle de l'organe céphalo-prothoracique est plus stable, se manifestant habituellement la première et disparaissant la dernière, au moment de l'extinction.

Toute excitation, toute irritation, spontanée ou provoquée chez les larves du deuxième âge augmente l'intensité de la lumière, qui parfois se manifeste seulement dans l'endroit excité, mais qui se généralise ordinairement et s'exagère avec les mouvements de l'animal, principalement lorsqu'il marche, quand il cherche à fuir, à franchir un obstacle, à se défendre d'une attaque.

Selon Raphaël Dubois, on ne peut mieux comparer ce qui se passe dans ces conditions qu'au fait qui se produit sur une rampe extérieure portant des becs de gaz assez rapprochés, quand l'air est agité : on voit alors les petites flammes bleues et vacillantes disparaître successivement et se rallumer.

Raphaël Dubois n'a pu amener des larves jusqu'à l'état nymphaire, mais l'on peut presque affirmer que les nymphes possèdent aussi la faculté de produire de la lumière.

Chez ce Pyrophore adulte, les organes photogènes, semblables chez les deux sexes, sont au nombre de trois. Les deux premiers, symétriques, sont situés dans les angles postérieurs du prothorax, à une distance du sommet de ces angles variable suivant les espèces, et se montrent en dessus sous la forme de deux corps ovales ou arrondis faisant une légère saillie convexe et transparente. Le troisième organe, impair et ventral, occupe la région médiane du sternite du premier segment abdominal. Sa configuration extérieure varie beaucoup suivant que l'Insecte ouvre ou ferme l'espace ventral compris entre la partie libre de la face postérieure du métathorax et celle de la face antérieure du premier segment abdominal. Lorsque l'Insecte est au repos ou en marche, il n'y a pas de vide entre la surface ventro-postérieure du métathorax et la surface ventro-antérieure du premier segment de l'abdomen, ce qui empêche de voir l'organe photogène en question; mais, pendant le vol, il y a relèvement de l'extrémité postérieure de l'abdomen, relèvement que permet l'écartement des élytres et des ailes, et d'où il résulte que la face ventro-antérieure du premier segment abdominal s'écarte de la face ventro-postérieure du métathorax; l'organe photogène ventro-abdominal est alors mis à découvert et dégage une vive lumière. Je ne puis, dans un semblable ouvrage, faire connaître en détail la structure des organes photogènes de ce Pyrophore adulte, et donne seulement ici une coupe théorique (fig. 43) d'un organe photogène prothoracique.

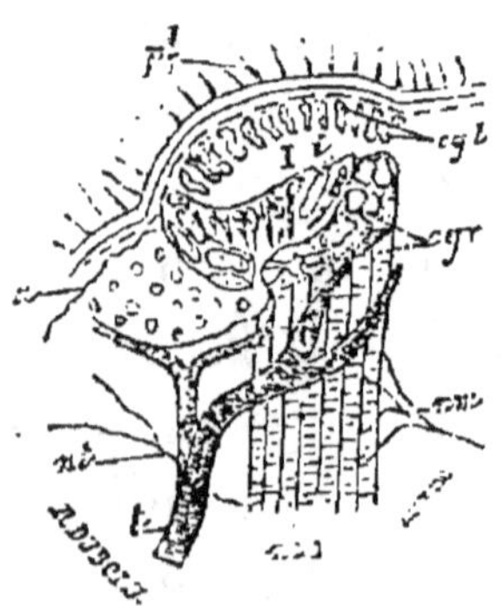

Fig. 43. — Coupe théorique d'un organe photogène prothoracique du Pyrophore noctiluque : *cgl*, cellules photogènes; *Ii*, hiatus ; *cgr*, cellules granuleuses : *a*, tissu adipeux; *t*, trachée ; *nt*, nerf trachéen ; *m2*, muscle intrinsèque; *nm*, nerf musculaire ; *pl*, poils. (Grossi.)

Les ébranlements mécaniques ont pour effet immédiat de déterminer ou d'activer la production de la lumière chez l'œuf, la larve et l'adulte de ce Pyrophore, lorsqu'ils sont dans leur état normal. Toutefois ces excitations cessent de déterminer l'émission de la lumière, par suite de l'épuisement et de la fatigue qu'elles produisent, si elles sont trop souvent répétées ou si l'on exagère la durée et l'intensité de leur action.

La lumière que produit l'œuf est augmentée par le choc, même avant la segmentation.

Tous les faits que je vais maintenant signaler, relativement à l'action de différents agents et des poisons sur la production de la lumière, ont été observés chez des adultes entiers et vivants ou chez les organes photogènes de l'adulte, séparés du corps.

La chaleur est un excitant de la luminosité de cet Insecte, à la condition toutefois que son action soit restreinte à de certaines limites. Dès que la température du milieu atteint 46° à 47°, il n'y a plus d'émission de lumière, soit spontanément, soit à la suite d'une excitation mécanique, et cependant il y a conservation de la sensibilité et de la motilité. Si l'on plonge dans de l'eau à 90° ou à 100° des fragments d'organes photogènes encore lumineux et des organes photogènes qui viennent de s'éteindre, la lumière cesse aussitôt de se manifester dans les premiers et ne se manifeste pas dans les seconds. Les organes photogènes plongés dans de l'eau qui est seulement à 55° s'obscurcissent et s'éteignent en quelques secondes, et il est ensuite impossible de déterminer une émission de lumière : la faculté photogénique est anéantie pour toujours; mais, immédiatement avant son extinction définitive, la substance photogène prend subitement un éclat plus vif, et la dernière étincelle qu'elle produit brille avec une très-grande force et s'évanouit aussitôt pour jamais. La température à laquelle, dans les recherches de Raphaël Dubois, faites à Paris, ce Pyrophore a donné, d'une façon constante, sa plus belle lumière, était de 20° à 25°.

L'action du refroidissement sur ce Pyrophore peut produire des effets différents selon qu'elle est plus ou moins rapide, plus ou moins considérable, ou qu'elle agit, soit sur l'Insecte entier, soit sur l'organe photogène isolé. Quand ces animaux ont à lutter contre une température inférieure à celle du milieu pour lequel ils sont adaptés et où s'exercent normalement leurs diverses fonctions, ils tombent bientôt dans un état de torpeur, de somnolence, pendant lequel on n'obtient que difficilement une faible lumière par les stimulus ordinaires. Lorsque la température du milieu se maintient pendant quelque temps au-dessous de 15° à 16°, ils ne tardent pas à succomber; et l'on voit la fonction photogénique s'éteindre avant les manifestations motrices ou sensitives, ainsi qu'on l'observe d'ailleurs dans d'autres mauvaises conditions physiologiques, telles que l'inanition, le dessèchement, etc. Chez les individus tués par cet abaissement de température, on ne peut pas déterminer une émission de lumière aussitôt après la mort, comme on le fait après une mort violente produite, soit par un toxique, soit par un procédé physique ou mécanique proprement dit. Dans ces mauvaises conditions physiologiques causées par le séjour dans un milieu trop froid, il peut arriver, — ce que Raphaël Dubois a souvent constaté dans d'autres circonstances, — que l'un des deux organes photogènes prothoraciques s'éteigne longtemps avant l'autre : c'est habituellement l'organe du côté gauche qui résiste le plus de temps ; mais si l'on prolonge l'expérience, les deux organes s'éteignent d'une façon définitive, et l'Insecte ne tarde pas à mourir. Le résultat précédent est diamétralement opposé à celui que l'on observe quand la mort est déterminée par une violente cause mécanique ou physique, car, souvent, dans ces conditions, la luminosité ne cesse qu'après les autres manifestations vitales. On peut, par le refroidissement appliqué d'une autre manière, suspendre momentanément l'exercice de la fonction photogénique. Cette fonction peut alors s'éteindre après les autres manifestations vitales extérieures, telles que la sensibilité, la motilité ; dans ce cas, elle ne subsiste pas longtemps. Ajoutons que la faculté photogénique continue à s'exercer après que la congélation a détruit entièrement et définitivement la vitalité des tissus. Je citerai à ce sujet l'expérience suivante : Un Pyrophore, introduit dans un tube en verre clos, fut exposé à une température inférieure à — 100° et maintenu dans ce milieu pendant un quart d'heure. Au moment même où le tube, débarrassé du givre dont il était recouvert, devenait assez transparent pour laisser voir l'Insecte, on observa que ce dernier était lumineux. Retiré du tube, on put le briser en fragments comme un morceau de glace, et l'on remarqua, dans sa cavité générale, la présence de petits glaçons. Le givre qui couvrait le tube empêcha de voir si, à un moment donné, la lumière cessait complétement de se manifester.

L'action de l'électricité sur la production de la lumière a été étudiée par les décharges de condensateurs, par les courants faradiques et par les courants continus.

Une seule décharge de condensateurs a suffi pour anéantir immédiatement toute manifestation vitale autre que la luminosité, qui persistait après plusieurs décharges successives. Chez des individus tués de cette façon, la lumière se manifestait encore plus de douze heures après leur mort. Des individus, foudroyés directement, volèrent en éclats, et cependant la lumière persista dans les organes photogènes, alors même que ces derniers avaient été frappés directement.

L'excitation, par les courants faradiques, des

diverses parties externes du squelette dermique de ce Pyrophore à l'état normal, n'est guère différente de l'excitation mécanique autrement que par son intensité plus grande. Si l'on change la rapidité des intermittences, on détermine des modifications importantes dans l'émission de la lumière. En écartant le trembleur de la bobine, pour obtenir des interruptions aussi longues que possible, on voit la lumière devenir intermittente, ce qui n'a jamais lieu à l'état normal. D'une manière générale, on peut dire que les intervalles entre les éclairs sont d'autant plus longs que l'action du courant faradique est prolongée davantage et que les interruptions sont moins rapides. Il suffit d'augmenter la rapidité des interruptions du courant faradique, chez un individu dont la lumière des organes photogènes prothoraciques a été rendue intermittente de la façon que je viens d'indiquer, pour que cette lumière devienne fixe. L'intensité du courant faradique a une grande influence sur la persistance de la luminosité. Si son action est plus rapide et plus vive, elle est plus durable avec un courant faradique de moyenne intensité qu'avec un courant fort. Sur les individus déjà épuisés et dont la lumière est intermittente, on peut observer parfois un défaut de synchronisme et une différence d'intensité entre les deux organes photogènes prothoraciques. Généralement, la rapidité des éclairs est plus grande, l'éclat plus vif et la résistance plus longue dans l'organe prothoracique du côté droit que dans celui du côté gauche. L'organe photogène ventro-abdominal est plus réfractaire que les organes photogènes prothoraciques à l'action des courants faradiques, et il faut toucher certains points précis pour lui faire émettre de la lumière. Raphaël Dubois a pu déterminer une émission lumineuse dans cet organe, chez un Pyrophore anesthésié.

Les expériences faites avec les courants continus ont permis d'en conclure que le courant ascendant ou centripète détermine l'apparition de la lumière au moment de la fermeture de ce courant; que le courant descendant ou centrifuge détermine cette apparition au moment de la rupture; et que ces effets se produisent toujours dans le même sens, que l'on agisse sur toute l'étendue de la chaine nerveuse, ou sur une partie seulement de sa longueur, comprenant, soit le ganglion en rapport avec les deux organes prothoraciques, soit le ganglion en rapport avec l'organe ventro-abdominal. Il est à remarquer que ces résultats sont toujours plus nets avec les deux organes prothoraciques.

La lumière solaire n'a pas d'action directe sur les organes photogènes de ce Pyrophore. Des individus restés pendant dix jours dans l'obscurité absolue étaient aussi lumineux à la fin qu'au commencement de l'expérience. Des larves écloses d'œufs pondus dans l'obscurité, et conservées au milieu de débris de bois humides, dans un vase en faïence opaque et bien clos, étaient toutes très-lumineuses au bout de six mois, bien qu'elles n'aient été observées, sans exception, que pendant la nuit. Les organes photogènes qui ont cessé de briller après avoir été séparés du corps de l'Insecte, n'émettent pas de lumière par une exposition, même prolongée, aux rayons du soleil.

Les œufs, les larves, les adultes et les organes photogènes isolés de ce Pyrophore cessent momentanément d'émettre de la lumière sous l'action de la dépression barométrique, et en dégagent lorsqu'on rétablit la pression normale.

Les adultes privés d'eau perdent le pouvoir photogénique bien avant les autres manifestations vitales. Ils résistent facilement à la privation d'aliments mais non à la sécheresse. La dessiccation des œufs de ce Pyrophore peut être poussée dans ses dernières limites, à la température ordinaire, sans qu'ils perdent définitivement la faculté photogénique, qui s'exerce de nouveau dans des conditions d'hydratation convenable. Si, après avoir desséché dans le vide les organes photogènes et les avoir pulvérisés dans un mortier, on humecte, avec un peu d'eau, leur masse réduite en poudre, cette masse toute entière devient lumineuse. Il n'est pas nécessaire que l'eau employée pour déterminer une émission de lumière dans des organes photogènes desséchés soit de l'eau aérée, puisqu'en les plongeant dans de l'eau bouillie récemment, on les voit briller dans ce liquide. On peut supposer que dans cette expérience, les bulles de gaz contenues dans les anfractuosités du tissu desséché sont susceptibles de compliquer le phénomène. L'expérience suivante montre que si l'action de l'eau privée de gaz est nécessaire, elle est en outre suffisante : Des organes photogènes prothoraciques et ventro-abdominaux, desséchés depuis plus d'un mois et conservés dans un flacon bien sec, furent introduits dans un tube en verre clos hermétiquement à ses deux extrémités par deux robinets en verre. Après avoir fait le vide dans le tube, d'une manière aussi complète que possible, on y fit pénétrer brusquement de l'eau bouillie depuis peu de temps et absolument privée de gaz. L'intérieur du tube fut complétement occupé par l'eau, et, au bout de quatre à cinq minutes, on vit briller les organes prothoraciques, et, peu après, les organes ventro-abdominaux. Ces derniers restèrent lumineux pendant quarante-cinq minutes, et les organes prothoraciques pendant trente minutes environ. Les organes prothoraciques et ventro-abdominaux étant complétement éteints, on fit pénétrer de l'air dans le tube en laissant écouler un peu d'eau, puis on agita fortement le tube; l'aération de l'eau ne détermina pas une émission de lumière. Cette expérience prouve bien que l'hydratation des tissus desséchés est nécessaire et suffisante pour que le phénomène photogénique se produise.

Afin d'étudier l'action de l'eau à hautes pressions sur la fonction photogénique de ce Pyrophore, deux individus furent placés dans le réservoir de la pompe Cailletet et comprimés à 500 atmosphères pendant dix minutes; lorsqu'on les retira de l'appareil ils n'étaient pas lumineux. L'un d'eux seulement, qui n'avait pas été soumis préalablement à l'action de la machine pneumatique, a vécu encore pendant deux ou trois jours, mais sans émettre de lumière. Une perturbation profonde dans l'état général de ce Pyrophore suffit pour faire cesser l'émission de la lumière. D'autre part, l'hydratation simple, à la pression normale, étant susceptible de déterminer une émission de lumière dans les organes photogènes récemment éteints ou desséchés, il était naturel de penser que l'extinction produite dans ces conditions était due plutôt à un épuisement rapide causé par la surhydratation brusque déterminée par cette énorme compression. Alors il fut placé dans le réservoir de la pompe Cailletet, non plus des individus vivants ou des organes photogènes frais, mais des organes photogènes desséchés, sur lesquels l'eau agit avec plus de lenteur. Quatre organes prothoraciques et un organe ventro-abdominal, isolés et desséchés, furent comprimés à 600 atmosphères pendant dix minutes. Retirés de l'appareil aussitôt après, on vit qu'ils étaient lumineux tous les cinq et que la luminosité persistait encore au bout d'un quart d'heure.

Dans l'oxygène, à la pression normale et à des pressions inférieures à une atmosphère, ce Pyrophore se comporte comme dans l'air. Dans l'oxygène comprimé, la production de la lumière n'est pas modifiée d'une façon notable ; ce gaz comprimé est impuissant à déterminer une émission lumineuse dans des organes photogènes éteints, qui émettent encore de la lumière sous l'influence des excitants mécaniques ou de l'électricité, alors même que la pression est portée jusqu'à cinq atmosphères ; et, en outre, la lumière des organes photogènes que l'on a isolés et qui sont encore lumineux ne cesse pas de se produire et n'est pas excitée par leur séjour dans l'oxygène comprimé.

D'une manière générale, les poisons, quelle que soit leur nature, n'agissent pas directement sur la substance photogène. Des perturbations différentes, portant sur la motilité ou la sensibilité, accompagnent la perte de l'excitabilité déterminatrice de la production de la lumière et précèdent ou suivent de très-près son extinction. Souvent la lumière persiste longtemps à l'état d'une faible lueur indiquant que le phénomène photogénique continue à se produire après la cessation de toute autre manifestation vitale. Bien plus, dans la plupart des cas, chez les individus tués par les poisons, on a pu déterminer une nouvelle émission de lumière en faisant refluer le sang vers les organes photogènes éteints.

Je ne puis mieux faire, pour terminer les paragraphes de ce chapitre consacrés à ce Pyrophore, que de reproduire partiellement, dans les lignes suivantes, les conclusions tirées par Raphaël Dubois de ses nombreuses recherches sur ce

Coléoptère, et données à la fin de son mémoire sur *Les Elatérides lumineux :*

L'étude anatomique et histologique des organes photogènes montre qu'ils sont composés d'un tissu adipeux spécial et de parties accessoires. L'histochimie indique l'existence, dans ce tissu, d'une substance s'y trouvant abondamment et présentant les caractères de la guanine.

Au sein de ce tissu adipeux photogène s'effectuent des phénomènes d'histolyse intense, déterminés ou activés par la pénétration du sang dans les organes photogènes.

Ce processus histolytique est accompagné de la formation, au sein même de la cellule photogène, d'une innombrable quantité de petits conglomérats cristallins doués de propriétés optiques particulières et spécialement d'une biréfringence très-accentuée (fig. 44 et 45).

L'intervention du sang n'est pas indispensable à la production du phénomène photogénique, car l'œuf est luisant, même avant la segmentation. La cellule adipeuse photogène isolée jouit de la même propriété, ce qui établit un nouveau rapprochement entre la substance du corps adipeux et celle du vitellus.

Les muscles des organes photogènes règlent l'apport du sang dans ces organes et ainsi agissent indirectement sur la production de la lumière.

C'est par l'intermédiaire des muscles que les nerfs interviennent dans la fonction photogénique. Le réflexe photo-sensitif a son siége dans le cerveau. L'excitation centrifuge ou descendante des ganglions d'où émanent les nerfs des organes photogènes, détermine, de même que l'excitation directe de ces derniers, l'émission de la lumière.

Fig. 44. — Cellules granuleuses de la couche interne non lumineuse et corpuscules biréfringents (*gr*) de l'organe photogène ventro-abdominal du Pyrophore noctiluque. (Considérablement grossis.)

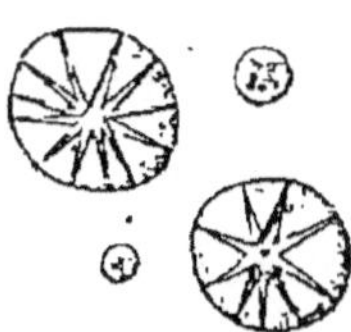

Fig. 45. — Corpuscules biréfringents. (Extrêmement grossis.)

Il n'en est pas de même si l'excitation est centripète ou ascendante. Le cerveau commande aux organes photogènes par le moyen des nerfs qui animent les muscles striés spéciaux de ces organes.

La respiration n'exerce qu'une influence indirecte sur la fonction photogénique, en maintenant l'intégrité des conditions de vitalité des tissus et d'activité du sang.

La nature de l'alimentation est sans influence sur la production de la lumière.

La cellule (œuf non segmenté, cellule adipeuse) prépare, sous l'influence de la nutrition, les principes photogènes; mais la lumière n'est pas le résultat direct de l'activité propre de l'élément anatomique organisé à l'état de vie.

Lorsque la structure de l'élément anatomique et sa vitalité sont détruites, le phénomène photogénique peut se produire encore par une action physico-chimique de même ordre que celle qui transforme le glycogène en sucre, dans l'élément hépatique, par exemple.

PHOLADE DACTYLE

Les renseignements suivants, concernant ce Mollusque Lamellibranche, sont empruntés aux belles recherches de Panceri et à une note de Raphaël Dubois, que, vu sa grande importance, je reproduis intégralement.

Dans le chapitre consacré aux Mollusques lumineux, j'ai indiqué (p. 140) le moyen grâce auquel Panceri avait reconnu que la luminosité de cet animal était produite par des organes photogènes spéciaux, au nombre de cinq : 1° un arc correspondant au bord supérieur du manteau et se prolongeant jusqu'à la moitié environ des deux valves; 2° deux petites taches de forme irrégulièrement triangulaire, situées à l'orifice antérieur du siphon branchial; et 3° deux longs cordons parallèles un peu sinueux, qui sont situés dans le même siphon. La figure 46 représente ces cinq organes photogènes.

Si l'on examine de près les taches irrégulièrement triangulaires et les cordons, on voit que ces organes photogènes font partie du manteau, sur lequel ils sont en relief, leur grande blancheur se détachant sur la couleur grise de l'animal.

Les taches irrégulièrement triangulaires présentent des sillons parallèles qui les divisent en segments dont le nombre est de cinq à douze. Les cordons, amincis à leurs deux extrémités, s'allongent ou se raccourcissent dans les mouvements d'extension ou de contraction de ce siphon, le mouvement de contraction rendant leurs sillons plus prononcés. Relativement à la composition de ces quatre organes photogènes, les sections faites dans tous les sens et avec diverses méthodes de préparation, permettent de voir qu'ils consistent seulement en

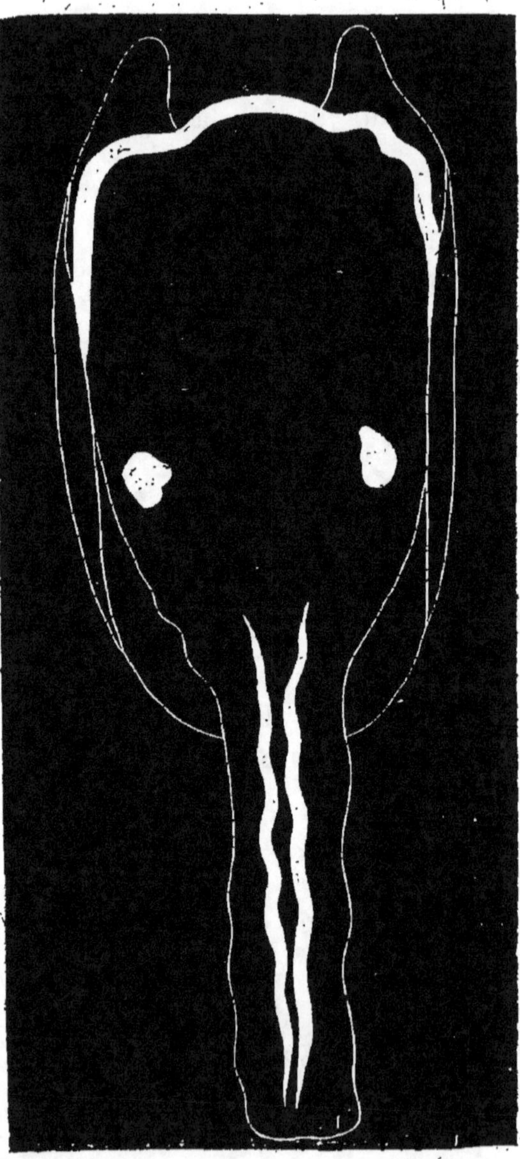

Fig. 46. — Organes photogènes de la Pholade dactyle.
(Grossis 3 fois). (D'après Panceri.)

exhaussements formés par le tissu conjonctif du derme, exhaussements dont la surface se compose d'un épithélium spécial. Cet épithélium, qui constitue la couche superficielle très-blanche de ces organes, produit la substance photogène.

L'épithélium des taches irrégulièrement triangulaires et des cordons, qui est un épithélium ciliaire photogène, revêtant aussi les sillons que présentent ces organes, augmente de cette façon la superficie de la couche productrice de la lumière. Cet épithélium ciliaire photogène est morphologiquement semblable à celui qui recouvre les organes adjacents aux taches irrégulièrement triangulaires et aux cordons, mais le contenu de ses cellules est tout à fait spécial; par suite de la fragilité de ces dernières, il en sort facilement; en effet, il suffit de toucher avec une lame de verre la surface d'un organe photogène qui n'a pas subi de contact étranger, pour voir immédiatement, adhérant au verre, une substance très-blanche et lumineuse, qui, soumise à un grossissement suffisant, se montre composée de nucléus granuleux, de granulations très-fines, de gouttelettes graisseuses, et même de masses grumeleuses qui représentent en entier le contenu des cellules photogènes dont elles ont la forme.

Quant à l'arc photogène, placé au-dessous du bord supérieur du manteau dont il fait partie, il est composé périphériquement du même épithélium ciliaire photogène.

La lumière solaire ne modifie pas le pouvoir photogénique de cette Pholade.

Si l'on met ensemble plusieurs de ces animaux, morts et arrachés de leurs coquilles, et qu'on les laisse se putréfier à l'air, ou si l'on expose séparément des individus morts à l'action de l'air, la luminosité persiste pendant un certain temps. Dans le premier cas, la lumière continue à se manifester jusqu'au moment où ces animaux sont dans un état de putréfaction très-avancée; dans le second, jusqu'au moment où les organes photogènes ne conservent plus leur humidité. Dans ce deuxième cas, la luminosité est surtout émise par les taches irrégulièrement triangulaires, situées plus profondément, et cesse plus vite dans l'arc et les cordons, qui se dessèchent plus facilement. Au cours de ces recherches, Panceri observa pendant dix jours, chez un individu laissé à sec, une émission de lumière par les taches irrégulièrement triangulaires, et cette lumière, cessant enfin, se manifesta de nouveau par l'action de l'eau douce.

Panceri suspendit des individus dans une

cloche pleine d'air, et en plaça d'autres dans une cloche remplie d'oxygène : il vit dans les deux cas, après dix jours, que la lumière se manifestait encore dans les taches irrégulièrement triangulaires, qui, avec le manteau, étaient restées attachées aux valves de la coquille, tandis que le pied et l'intérieur de ces Mollusques tombaient en putréfaction. Cette lumière ne se manifestait pas spontanément, mais le secouement suffisait pour déterminer son émission.

Si, dans une cloche remplie d'acide carbonique, on suspend un individu vivant dont le manteau et le siphon branchial ont été fendus, il émet de la lumière pendant un certain temps; mais si l'on prolonge l'expérience pendant une heure, la lumière ne se produit plus, et ni l'action du temps ni le secouement ne la font se manifester. Par contre, si l'on expose à l'action de l'air un individu qui vient de rester pendant une journée dans l'acide carbonique, il redeviendra lumineux au bout de quelques heures.

La substance photogène se dissout dans l'alcool et dans l'éther. Extraite de l'animal, elle peut encore produire de la lumière par l'action de l'agitation, de la chaleur, de l'électricité, de l'eau douce, etc. Cette substance brille aussi lorsqu'on la mouille et l'agite, soit après l'avoir extraite des organes photogènes et fait sécher à l'air, soit après avoir fait dessécher les organes photogènes entiers, non séparés du manteau.

Voici maintenant, reproduite in-extenso, la note très-importante de Raphaël Dubois :

« DE LA FONCTION PHOTOGÉNIQUE CHEZ LE *Pholas dactylus*[1].

« La faculté que possède certaine espèce de *Pholas*, d'excréter en abondance une liqueur lumineuse, était connue des anciens. Ce phénomène singulier, décrit par Réaumur sous le titre de *Merveilles des Dayls*, et observé plus attentivement par Panceri, n'a été jusqu'à présent l'objet d'aucune étude expérimentale approfondie, et sa nature a échappé aux observateurs que nous avons cités.

« L'examen anatomique et histologique montre, une fois de plus, que la *fonction photogénique est indépendante de l'organe*, comme cela se présente pour la fonction glycogénique.

1. Comptes rendus hebdomadaires des séances de l'Académie des Sciences. Paris, t. CV, 2ᵉ sem. 1887, séance du 17 octobre, p. 690.

« La fonction photogénique, comme la fonction glycogénique, est réductible à un phénomène d'ordre chimique, pouvant être reproduit *in vitro*, ainsi que le prouvent les expériences suivantes, qui ont toutes été exécutées dans le Laboratoire de Zoologie expérimentale de Roscoff, sous les yeux de M. Delage et de plusieurs autres savants.

« *Expérience* i. — Après avoir ouvert, étalé et lavé le siphon et le manteau enlevés à un *Pholas* vivant, on les fait sécher rapidement dans un courant d'air. Cette pièce anatomique est obscure. On peut, en l'immergeant dans l'eau distillée, faire reparaître, en quelques secondes, la lumière dans les points où elle se manifeste pendant la vie, même après plusieurs semaines de dessiccation.

« *Expérience* ii. — Si, avant la dessiccation, l'animal a été immergé dans l'eau bouillante pendant quelques secondes, la lumière s'éteint rapidement et ne peut plus reparaître par le contact avec l'eau distillée, comme dans le cas précédent.

« *Expérience* iii. — On recueille la liqueur lumineuse excrétée par le siphon aspirateur[1] excité

1. Siphon aspirateur et siphon branchial sont deux noms synonymes. (Note de H.G.d.K.)

mécaniquement; on la filtre au papier Berzélius. Le liquide filtré est aussi lumineux que celui qui a été jeté sur le filtre. L'éclat diminue peu à peu et finit par disparaître complétement. On abrège la durée du phénomène, en même temps que l'on augmente son intensité, par l'agitation et par la chaleur de la main, comme dans les réactions chimiques.

« *Expérience* IV. — Lorsque le liquide a perdu toute trace de pouvoir éclairant, on le verse sur la face interne du manteau d'un animal éteint par l'eau bouillante; la lumière reparaît aussitôt dans les parties où elle se manifeste pendant la vie.

« *Expérience* V. — On recueille, dans deux tubes à essai, la liqueur lumineuse bien filtrée. On éteint brusquement la lumière dans l'un des tubes, en portant la liqueur à l'ébullition. La lumière s'éteint spontanément dans l'autre tube au bout de quelques minutes. On mélange alors les deux liquides obscurs : la lumière renaît instantanément.

« *Expérience* VI. — La luminosité de la liqueur est supprimée immédiatement, non-seulement par la chaleur, mais encore par tous les réactifs qui coagulent les substances albuminoïdes : tannin sublimé, alcool absolu, etc.

« *Expérience* VII. — Ce dernier agent ne détruit pas d'une manière définitive le pouvoir photogénique; car, après avoir trituré avec l'alcool absolu les tissus photogènes d'un *Pholas* vivant, puis desséché le magma, on revivifie la lumière par addition d'eau distillée.

« *Expérience* VIII. — Mais si l'on fait macérer pendant plusieurs jours les parties photogènes dans l'alcool, et que l'on sépare par filtration le liquide alcoolique, les fragments épuisés par l'alcool et desséchés ne brillent plus par le contact avec l'eau distillée.

« *Expérience* IX. — Le liquide alcoolique, filtré et évaporé rapidement à l'air libre, fournit un extrait qui devient lumineux par son mélange avec de l'eau distillée dans laquelle on a fait macérer pendant quelques instants les fragments épuisés de l'expérience VIII et après filtration de cette liqueur.

« *Expérience* X. — Si, dans l'expérience précédente, on remplace l'alcool par l'essence minérale de pétrole, ou mieux par la benzine rectifiée, la réaction est plus intense encore.

« *Expérience* XI. — Le pouvoir éclairant de la liqueur d'excrétion filtrée est suspendu par l'addition de sel marin jusqu'à saturation, mais il reparaît par l'addition d'eau distillée, même au bout d'un temps fort long.

« Il est dès lors évident que le phénomène lumineux est le résultat d'une réaction d'ordre chimique. ·

« Les notions fournies par les expériences précédentes nous ont permis d'extraire des parties lumineuses du *Pholas dactylus* deux substances dont le contact, en présence de l'eau, détermine l'apparition de la lumière.

« L'une de ces substances a été obtenue à l'état cristallin : elle présente des caractères optiques tout à fait spéciaux, qui donnent aux tissus photogènes que nous avons étudiés l'éclat opalescent si particulier que nous avons décrit chez les Pyrophores et divers autres animaux lumineux. Elle est soluble dans l'eau, peu soluble dans l'alcool, soluble dans l'essence de pétrole, la benzine et l'éther. Nous proposons de la désigner sous le nom de *luciférine*, en attendant que l'analyse ait permis d'en fixer la composition élémentaire et la fonction chimique.

« Le second corps est un albuminoïde actif, comme ceux que l'on désigne sous le nom de *ferments solubles* (diastases, zymases, etc.), dont il présente tous les caractères généraux. Nous le nommerons *luciférase*.

« Ces deux substances sont nécessaires et suffisantes pour produire *in vitro* le phénomène de la luminosité animale, improprement appelé *phosphorescence*, et dont le mécanisme n'a été jusqu'à présent expliqué que par des hypothèses plus ou moins vraisemblables, ne reposant sur aucune étude expérimentale suffisamment étendue.

« Ces résultats vérifient et généralisent, en les précisant, ceux que nous avons fait connaître dans notre travail sur les Elatérides lumineux. »

PHYLLIRRHOÉ BUCÉPHALE

Chez le Phyllirrhoé bucéphale (*Phyllirrhoe bucephalum* Péron et Lesueur), Mollusque Gastéropode décrit et figuré dans le chapitre IX (p. 142 et fig. 28), la substance photogène a son siége dans les cellules nerveuses périphériques de forme ordinaire, dans les cellules des ganglions centraux, et dans les cellules de Müller, cellules sphériques particulières situées dans le voisinage immédiat de la périphérie, placées sur les plus fines ramifications nerveuses, répandues sur presque tout le corps, plus nombreuses aux bords supérieur et inférieur, manquant entièrement dans les tentacules, ayant un contour sombre très-marqué, et contenant, en outre d'un nucléus, un corpuscule sphérique plus ou moins gros, jaune et réfringent.

En stimulant la fonction photogénique de ce Mollusque Gastéropode au moyen d'une goutte d'ammoniaque, on voit immédiatement la surface de son corps et ses longs tentacules émettre une lumière vive et azurée qui est plus intense aux bords supérieur et inférieur du corps, ainsi que le montre la figure 47.

L'agitation de l'eau de mer dans laquelle se trouve ce Phyllirrhoé, l'attouchement, déterminent l'émission d'éclairs. Un individu placé dans un petit tube contenant de l'eau de mer chauffée au bain-marie, produisit un éclair à 35°,6 ; à la température de 44° la lumière était permanente, pâle, et son émission continua jusqu'à 61°. La lumière du jour, et même les rayons solaires directs, ne modifient nullement la luminosité de ce Mollusque. L'eau douce détermine d'abord une luminosité par éclairs, puis une luminosité fixe.

Chez les individus morts et desséchés, ou en putréfaction, la substance photogène peut émettre de la lumière sous l'action de l'eau douce ou de l'ammoniaque. Cette substance brille aussi par l'action de certains réactifs, lorsqu'elle est extraite de l'animal. Je dois ajouter que c'est

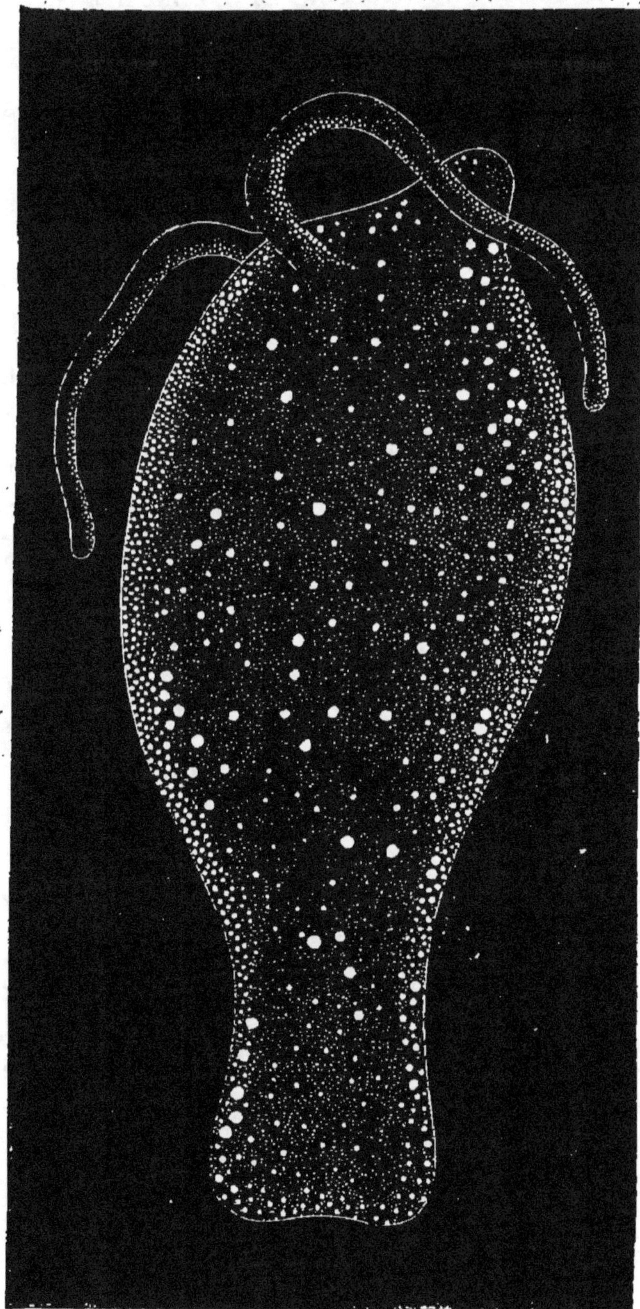

Fig. 47. — Phyllirrhoé bucéphale stimulé par l'ammoniaque. (Grossi 4 fois et 1/2). (D'après Panceri.)

aux recherches de Panceri que j'ai emprunté tous les faits indiqués dans les lignes qui précèdent, relatives au Phyllirrhoé bucéphale.

PYROSOME GÉANT

C'est sur le Pyrosome géant (*Pyrosoma giganteum* Lesueur), précédemment examiné dans le chapitre relatif aux Tuniciers lumineux (p. 153 et fig. 31), que Panceri a fait les recherches auxquelles j'emprunte tous les faits suivants concernant cette espèce.

Chez ce Pyrosome, la lumière provient d'une myriade de taches photogènes situées presque à égale distance les unes des autres dans la partie périphérique du tube de la colonie, et disposées par paires. Dans chacun des individus dont l'agglomération compose une colonie, il existe une paire de ces taches qui sont situées à la base du cou, près du bord supérieur des deux branchies, au-dessous de chacune des arches latérales de la bande vibratile, et immédiatement au-dessous des deux nerfs qui constituent la paire supérieure des nerfs latéraux du ganglion. Ces organes photogènes ont un contour ovale ou quelquefois subtriangulaire. En les observant de côté, on voit qu'ils sont situés dans l'espace lacunaire sanguin placé entre les deux couches du tégument, mais qu'ils font uniquement partie de la couche externe.

Dans chaque colonie de cette espèce, chez les individus plus âgés, qui sont plus grands et qui ont un cou très-allongé, la paire de taches photogènes, par suite de la longueur du cou, est plus en dehors que celle des autres individus.

Les organes photogènes de tous les individus de ce Pyrosome sont exclusivement composés de cellules sphériques dépourvues de nucléus, qui contiennent une substance soluble dans l'éther et une substance albumineuse. Ces cellules ne sont pas renfermées dans une membrane commune, mais baignées directement par le sang de la lacune.

La figure 48 représente les organes photogènes de ce Pyrosome. On se rend facilement compte de l'aspect étincelant que montrent ces colonies, lorsqu'on sait qu'une colonie de 8 centimètres de longueur peut contenir environ 3.200 individus, et, en conséquence, présenter 6.400 points lumineux qui émettent une lumière d'une couleur azur clair.

Panceri a observé que les organes photogènes des deux sortes d'embryons de ce Pyrosome proviennent de la couche ectodermique, et que leur forme ne change pas pendant le développement de ces embryons jusqu'à l'âge adulte.

Fig. 48.— Organes photogènes du Pyrosome géant : extrémité inférieure d'une colonie (grand. natur.); partie antérieure d'un individu isolé (grossie). (D'après Panceri.)

Chez ce Pyrosome, il se produit des courants lumineux que l'on peut comparer à ceux des Pennatules, mais ces courants ne sont point aussi rapides ni aussi lumineux que les courants de ces dernières, et ne se remanifestent pas après une seule stimulation.

Le choc, le frottement, le toucher même, suffisent pour déterminer l'émission de la lumière dans des colonies fraîches de ce Pyrosome; cette lumière se manifestant sous l'aspect de courants lumineux quand la stimulation est opérée d'une manière convenable. Si l'on mâche un fragment de ce Pyrosome et que l'on ouvre ensuite la bouche, il en sort une quantité de lumière suffisante pour permettre de distinguer facilement les traits d'une personne placée à peu de distance.

En faisant augmenter la température de l'eau de mer dans laquelle on a placé ce Pyrosome, la luminosité cesse de se manifester vers 60°. En faisant diminuer la température de cette eau jusqu'à 1°, la luminosité ne s'affaiblit pas.

Ni la lumière du jour, ni les rayons solaires, n'ont d'action sur le pouvoir photogénique de ce Tunicier.

L'eau douce a une action énergique sur la production de la lumière. Si l'on y trempe une colonie de ce Pyrosome, elle luira quelques minutes après, et la lumière durera pendant plusieurs heures, jusqu'à la mort de la colonie. Dans l'eau douce chauffée graduellement, la lumière de ce Pyrosome cesse vers 45°. L'abaissement de la température de cette eau n'affaiblit nullement l'intensité de la lumière : Ayant placé deux colonies de cette espèce, l'une dans de l'eau douce à 35°, l'autre dans de la glace fondante, Panceri obtint, en excitant ces colonies par le toucher, les mêmes effets qu'en opérant dans l'eau douce à la température ordinaire. L'alcool et l'éther déterminent immédiatement l'émission de la lumière chez ce Pyrosome. La luminosité cesse avec la vie de la colonie, un quart d'heure environ après son immersion dans l'un ou l'autre de ces deux liquides; mais si ces derniers arrivent en contact avec la substance photogène, la lumière cesse de se manifester aussitôt. En écrasant dans un linge une colonie de ce Tunicier, il s'écoule un liquide contenant de la substance photogène. Peu après qu'on l'a ainsi recueillie, cette substance devient obscure. Si, lorsqu'elle ne luit plus, on la met en contact avec de l'eau douce, elle produit de nouveau une vive lumière; en revanche, si on la met en contact avec de l'alcool, elle ne brille pas, ou cesse immédiatement de luire si l'on avait déterminé sa luminosité par l'action de l'eau douce. La substance photogène extraite de ce Pyrosome à l'état de vie, par l'écrasement dans un linge, et laissée dans l'eau de mer, conserve pendant un certain temps le pouvoir d'émettre de la lumière sous l'action des stimulus mécaniques ou de l'eau douce ; ce fait a lieu même après que cette substance a été desséchée.

POISSONS

Dans le chapitre XII, j'ai fait connaître superficiellement la configuration et la situation des organes photogènes des Poissons, et vais indiquer ici, relativement à la structure de ces organes, une partie des conclusions que R. von Lendenfeld a déduites de ses importantes recherches sur cette question.

Voici ces conclusions :

Tous les organes photogènes qu'il a étudiés, bien que pouvant différer par les autres points, en ont un qui leur est commun : c'est qu'ils sont totalement ou partiellement glandulaires.

A l'origine, les organes photogènes ont dû être des glandes sécrétant un mucus lumineux, et à ces glandes seront venus s'ajouter, dans le cours de leur évolution, d'autres éléments plus différenciés.

Les glandes productrices du mucus lumineux sont pourvues de nerfs, et leur sécrétion est soumise à l'influence de ces nerfs qui ne paraissent avoir subi, même dans les organes photogènes les plus développés, aucune modification spéciale autre qu'une augmentation en grosseur.

Les glandes photogènes originelles devaient faire saillie à la surface de la peau, comme le font actuellement les types les plus inférieurs de ces organes; et c'est le derme ou l'écaille situé au-dessous de la glande qui a dû se transformer en réflecteur.

La partie inférieure de la glande photogène, ainsi que les nerfs dont elle est pourvue, ne présentent point de particularités, mais la partie superficielle de cette glande est quelquefois très-modifiée. Dans cette partie, les cellules photogènes typiques en massue ont un développement particulier, et les nerfs en relation avec elles sont modifiés, des cellules ganglionnaires spéciales existant souvent dans leur trajet.

Leydig a prétendu que les organes photogènes des Poissons n'avaient aucune relation avec les canaux mucifères. Les différents organes photogènes infraorbitaires et les organes photogènes ocellaires situés sur la ligne latérale des *Halosaurus*, montrent clairement qu'eux, au moins, se sont développés en connexion avec les canaux mucifères, conclusion qu'Albert Günther a tirée d'une étude qu'il a faite sur la distribution des organes producteurs de lumière chez les Poissons.

Les faits histologiques positifs ne sont pas suffisants, dans la totalité des cas, pour en tirer une conclusion sur la fonction des organes considérés comme photogènes, mais il est parfaitement acquis que certains d'entre eux produisent de la lumière, et il y a de bonnes raisons pour considérer les autres comme jouissant de la même faculté. Il est tout à fait certain que pas un d'entre eux n'est un organe visuel.

Les cellules photogènes en massue, avec leur vésicule ovale très-réfringente, peuvent être regardées comme les éléments les plus différenciés des organes photogènes des Poissons. Ces cellules typiques en massue sont évidemment des cellules glandulaires modifiées, et la vésicule est un produit de leur sécrétion.

Les cellules grêles qui supportent les cellules photogènes en massue proviennent peut-être de la couche fibreuse qui entoure les tubes des glandes.

La couche spiculaire qui réfléchit la lumière est évidemment, d'après Carlo Emery, une écaille retournée et modifiée.

Les corps jaunes des *Halosaurus* sont très-probablement des organes sécréteurs.

En résumé, dit R. von Lendenfeld :

Les organes photogènes des Poissons sont des glandes plus ou moins modifiées, qui proviennent de glandes mucipares simples partiellement situées dans la peau et partiellement en connexion avec les canaux mucifères.

Les cellules photogènes typiques en massue sont des cellules glandulaires modifiées.

Les réflecteurs accessoires et les sphincters se sont développés aux dépens de la peau située autour et au-dessous des glandes photogènes.

Les grands organes photogènes infraorbitaires sont innervés par une branche modifiée des nerfs trijumeaux, et les autres organes photogènes le sont par les nerfs périphériques ordinaires.

INTIMITÉ DU PHÉNOMÈNE PHOTOGÉNIQUE
CHEZ LES ÊTRES VIVANTS

Après avoir passé en revue, obligatoirement d'une manière fort superficielle et très-incomplète, la structure des parties productrices de la lumière et le fonctionnement de ces parties sous l'action de stimulus variés, nous devons examiner maintenant, dans ce chapitre, l'intimité du phénomène photogénique chez les animaux et les végétaux.

Pour expliquer comment se produit ce phénomène, différentes hypothèses ont été proposées :

On a prétendu que la lumière était le résultat
d'une oxydation directe et lente d'une substance
spéciale. Phipson généralisa cette hypothèse et
admit que la luminosité de tous les êtres vivants
est due à une substance mal définie, nommée
par lui *noctilucine*, qui, en s'oxydant directement et lentement, produirait de la lumière en
dégageant de l'acide carbonique.

Panceri a émis l'idée que chez les animaux,
les phénomènes chimiques qui ont lieu dans les
organes photogènes sont accompagnés d'une production de lumière remplaçant la production de
chaleur.

De Quatrefages supposa que chez les animaux
à l'état de vie, la lumière est produite de deux
manières : 1° par la sécrétion d'une substance
particulière, suintant, soit du corps entier, soit
d'un organe spécial ; et 2° par un acte vital,
d'où résulte la production d'une lumière pure et
indépendante de toute sécrétion matérielle. Il
est probable, a t-il dit, que dans ce premier
mode de luminosité, la lumière résulte toujours
d'une combustion lente.

On invoqua aussi, pour expliquer la production
du phénomène photogénique : la combustion

du phosphore existant dans les parties photogènes ; la formation, dans ces parties, d'hydrogène
phosphoré s'enflammant spontanément au contact
de l'oxygène ; l'influx nerveux ; la contraction
musculaire ; l'électricité ; la condensation, pendant le jour, de la lumière solaire dans les parties lumineuses qui la rayonnent dans l'obscurité ; etc.

Ces diverses hypothèses, restreintes à l'explication du phénomène de la luminosité dans
tels groupes d'êtres vivants, ou plus ou moins
généralisées, sont presque toutes en contradiction
avec les faits acquis.

Aujourd'hui, nous savons, d'une façon absolument certaine, que la lumière est produite dans
la substance qui constitue fondamentalement tous
les êtres vivants, dans le protoplasma, fait qui a
une importance capitale.

Dans son mémoire sur *Les Elatérides lumineux*, Raphaël Dubois dit qu'il faut considérer la lumière du Pyrophore noctiluque comme
étant causée par une réaction se produisant, dans
les cellules photogènes, entre une substance albuminoïde et une autre substance, et que c'est
une partie de l'énergie mise en liberté par cette
réaction qui se dégage sous forme de lumière.

Plus tard, cet éminent biologiste découvrit,

dans le protoplasma des cellules photogènes de la Pholade dactyle, deux substances dont le contact, en présence de l'eau, détermine une production de lumière. J'ai donné in-extenso, précédemment (p. 248), la note où est consigné ce fait d'une très-grande importance.

L'une de ces deux substances, qu'il a nommée *luciférine* en attendant que l'analyse ait permis d'en fixer la composition élémentaire et la fonction chimique, a été obtenue par lui à l'état cristallin. Cette substance présente des caractères optiques tout à fait spéciaux, qui donnent aux tissus photogènes l'éclat opalescent si particulier que ce biologiste a décrit chez le Pyrophore noctiluque et divers autres animaux photogènes. Elle est soluble dans l'eau, l'essence de pétrole, la benzine, l'éther, peu soluble dans l'alcool.

La seconde substance est un albuminoïde actif, comme ceux que l'on désigne sous le nom de *ferments solubles* (diastases, zymases, etc.), dont elle présente tous les caractères généraux. Raphaël Dubois lui a donné le nom de *luciférase*.

Ces deux substances sont nécessaires et suffisantes pour produire *in vitro* le phénomène de la luminosité animale.

Ainsi que l'avaient déjà montré des expériences

réalisées chez des animaux très-différents, ce fait prouve que la fonction photogénique peut avoir lieu en dehors de son organe et en dehors de la vie, et que le phénomène de la production de la lumière animale est réductible à un phénomène exclusivement physico-chimique.

On est en droit de se demander, dit Raphaël Dubois dans son mémoire sur *Les Elatérides lumineux*, si la lumière du Pyrophore noctiluque est produite par l'énergie de la réaction elle-même, ou bien si cette réaction, qui est accompagnée, au sein des cellules photogènes, de la formation d'une innombrable quantité de corpuscules radio-cristallins biréfringents (fig. 44 et 45, p. 241), n'engendre pas la lumière secondairement, par le fait même de la cristallisation qu'elle semble provoquer.

Je ne sache pas que l'on ait répondu à cette question.

Quoi qu'il en soit, le phénomène photogénique doit se réduire en dernière analyse, chez tous les êtres vivants, à des mouvements ayant lieu entre les parties constitutives des molécules de deux corps différents.

En tout cas, nous savons aujourd'hui, d'une façon absolument certaine, que la production de la lumière est réductible, chez beaucoup

*d'animaux appartenant à des groupes extrê-
mement différents, à un phénomène exclusivement physico-chimique ayant lieu dans le
protoplasma, et, vraisemblablement, il doit
en être de même chez la totalité des animaux
et des végétaux photogènes.*

Puisque la lumière est produite dans le protoplasma, il est évident que différentes fonctions
du monde organique, telles que : la circulation,
la respiration, l'innervation, etc., ont une action
plus ou moins grande sur les parties productrices
de la lumière, et, par suite, sur le phénomène
photogénique.

Si la plupart des animaux et des végétaux lumineux que j'ai indiqués dans cet ouvrage produisent
eux-mêmes leur luminosité ou la doivent à des
Bactériacées photogènes; par contre, j'ai indiqué
le nom de quelques végétaux et de quelques
animaux chez lesquels on a remarqué une luminosité qui devait provenir de l'extérieur. Je ne
saurais donner aucun renseignement quelque peu
affirmatif sur la cause de ces derniers phénomènes lumineux. Je dirai seulement que la
luminosité observée chez des fleurs de diverses
Phanérogames (voir p. 25 et 26), était probablement causée par le dégagement d'électricité atmo-
sphérique connu sous le nom de feux Saint-Elme.

PROPRIÉTÉS DE LA LUMIÈRE ÉMISE
PAR LES ÊTRES VIVANTS

Il me reste à parler, dans ce chapitre, des propriétés de la lumière émise par les animaux et les végétaux.

Je dois me borner à faire connaître ici un certain nombre de faits concernant exclusivement les propriétés de la lumière émise par le Pyrophore noctiluque, faits que j'emprunte en totalité aux importantes recherches de Raphaël Dubois sur cet Insecte.

La lumière émise par les trois organes photogènes du Pyrophore noctiluque est d'un beau vert clair opalescent. Le spectre de la lumière des deux organes prothoraciques est continu, sans raies obscures ni lumineuses, ainsi que Pasteur et Gernez l'avaient constaté avant Raphaël Dubois. Ce spectre, fort beau quand l'Insecte émet une lumière très-vive, est assez étendu du côté du rouge et s'étend jusqu'aux premiers rayons bleus ; il recouvre environ 80 divisions du micromètre. On peut lui assigner comme limites approximatives : d'un côté la raie B, de l'autre la raie F du spectre solaire. Du côté du rouge, il s'étend un peu plus loin que la raie B ; du côté du bleu, les derniers rayons sont si pâles, que leur position ne peut être déterminée avec une grande exactitude.

Lorsque l'intensité de la lumière varie, sa composition change d'une façon remarquable. Quand l'éclat diminue, le spectre se raccourcit un peu du côté du bleu, mais beaucoup du côté du rouge. De ce dernier côté, le rouge et l'orangé disparaissent complétement et les derniers rayons qui persistent sont des rayons verts d'un indice de réfraction un peu inférieur à celui de la raie E; c'est d'ailleurs cette région du spectre qui présente toujours le plus vif éclat. L'effet inverse a lieu quand l'Insecte commence de luire; les rayons verts apparaissent les premiers, et le rouge s'étend de plus en plus, jusqu'à ce que l'intensité de la lumière ait atteint son maximum. Ces variations dans la composition du spectre de la lumière de ce Pyrophore à l'état physiologique sont dues à des phénomènes subjectifs dépendant des variations dans l'intensité de la lumière émise.

Raphaël Dubois a observé le phénomène des anneaux colorés déterminés par la réflexion de la lumière de cet Insecte. Le centre du système d'anneaux est formé par un disque verdâtre, légèrement grisâtre au milieu. Ce disque est entouré d'une bande jaune et celle-ci d'une bande rouge. Les systèmes d'anneaux sont visibles jusqu'au huitième anneau et vont en se succédant suivant le même ordre; les cercles les plus excentriques ayant une largeur moindre, leur intensité est forcément beaucoup plus vive.

L'analyse optique montre que cette lumière est en grande partie composée de rayons de longueur d'onde moyenne correspondant précisément à ceux que l'on trouve dans les points du spectre de cette lumière où l'expérience a fixé le maximum d'intensité visuelle et le maximum d'intensité éclairante.

La valeur photométrique de chacun des deux organes prothoraciques de ce Pyrophore est environ $\frac{1}{150}$ d'une bougie du Phénix (de 8 à la livre). En admettant que l'organe ventro-abdominal possède un pouvoir éclairant double de celui d'un organe prothoracique, il faudrait donc trente-sept à trente-huit individus émettant tous de la lumière par leurs trois organes photogènes, pour éclairer un appartement avec la même intensité que le fait une bougie du Phénix. Évidemment ces nombres n'ont pas une valeur absolue.

Par l'observation directe, on voit que le pouvoir éclairant peut varier d'un individu à un autre, et, chez le même individu, d'un moment à un autre et d'un organe prothoracique à l'autre.

Un œil sensiblement emmétrope (normal) peut, dans une pièce obscure, avec un seul Pyrophore, lire à une distance de $0^m,33$ les caractères correspondant à $D=0,5$ de l'échelle de Snellen, les deux organes prothoraciques étant placés à 1 centimètre 1/2 du tableau. Il peut lire aussi les caractères $D=1,2$, à 5 centimètres, et $D=1,5$, à 10 centimètres. Ces relations sont assez constantes pour des individus différents, lorsqu'ils émettent leur clarté maximum.

Raphaël Dubois a fait aussi, pour mesurer l'acuité visuelle, des expériences comparatives de lecture sur l'échelle typographique de Donders, avec un individu de ce Pyrophore et une bougie du Phénix.

Ses expériences ont donné les résultats suivants :

Les caractères n° 11, successivement éclairés à la distance de $0^m,13$ par la bougie et par l'Insecte, étaient lus à la distance de $8^m,30$, lorsqu'ils étaient éclairés par la bougie, et à la distance de 2 mètres, lorsqu'ils étaient éclairés par l'Insecte. Ce dernier étant à $0^m,20$ de l'échelle typographique, les caractères n° 12 étaient lus à la distance de $2^m,30$. A cette dernière distance, on pouvait lire les caractères n° 6, lorsqu'on éclairait l'échelle avec la bougie placée, comme l'Insecte, à $0^m,20$.

On voit que l'intensité visuelle de la lumière de ce Pyrophore est assez considérable, car il faut tenir compte de la divergence des rayons lumineux émis par les organes prothoraciques, qui servirent uniquement dans les recherches pour la mesure de l'acuité visuelle. Ces résultats montrent aussi que la faiblesse du pouvoir éclairant, indiquée par le spectrophotomètre, est assez grande par rapport à l'intensité visuelle.

Malgré la teinte verte très-manifeste de la lumière de cet Insecte, le sens chromatique n'est influencé en aucune façon. On reconnaît aisément la couleur propre à chaque objet. Sauf le bleu foncé et le violet, qui n'existent pas dans le spectre de cette lumière, toutes les autres couleurs dites « à confusion », employées en oculistique, sont facilement reconnues.

Les rayons lumineux venant des deux organes prothoraciques, soit directement, soit après réflexion, sont, malgré leur teinte verte, perçus jusqu'aux limites extrêmes du champ visuel.

La lumière émise par ce Pyrophore ne contient pas de rayons polarisés.

Par contre, elle possède une quantité suffisante de rayons chimiques pour permettre d'obtenir une reproduction photographique des objets éclairés par elle. Dans une expérience, il n'a pas fallu moins de cinq minutes pour avoir, avec l'organe le plus éclairant, c'est-à-dire avec l'organe ventro-abdominal d'un individu vivant, une épreuve convenable, en se servant de plaques au gélatino-bromure assez sensibles pour donner une image dans une fraction de seconde, avec la lumière solaire. Cette expérience montre que la quantité des rayons chimiques contenus dans la lumière de ce Pyrophore est extrêmement faible, et, par conséquent, que l'énergie employée à les produire est presque nulle. Cette lumière a donc une valeur économique considérablement plus grande que celle de nos foyers de lumière artificielle, où la perte d'énergie atteint souvent 98 %.

Le fait de la très-petite quantité de rayons chimiques dans la lumière de ce Pyrophore doit être attribué à l'existence d'une substance fluorescente que Raphaël Dubois a découverte dans le sang de cet Insecte, et qui, en pénétrant dans ses organes photogènes, donne à la lumière émise l'éclat[1] opalescent si spécial et si brillant qui la caractérise. On est en droit de penser que la majeure partie des rayons chimiques sont transformés en

---

1. Il ne faut pas confondre l'éclat avec l'intensité lumineuse ou avec la sensation chromatique. L'éclat produit une sensation absolument spéciale.

rayons très-éclairants, fluorescents, de longueur d'onde moyenne. L'analyse optique montre en effet, comme je le disais précédemment, que la lumière de ce Pyrophore est composée en grande partie de rayons de longueur d'onde moyenne correspondant précisément à ceux que l'on trouve dans les points du spectre de cette lumière où l'expérience a fixé le maximum d'intensité visuelle et le maximum d'intensité éclairante.

La lumière de ce Pyrophore ne détermine pas la production de la chlorophylle dans les végétaux développés à l'obscurité, qui sont, par conséquent, dépourvus de cette substance, ainsi que le prouve l'expérience suivante : Une vingtaine d'individus de cet Insecte furent enfermés pendant quatre jours dans une boîte contenant de jeunes pousses incolores de Cresson alénois et de Radis, un peu rougeâtres seulement dans certains points. L'intérieur de cette boîte était disposé de façon à ce que la lumière émise par les Insectes fût réfléchie vers les plantes et que la perte fût aussi faible que possible. Malgré ces précautions, on ne vit aucune trace de chlorophylle, bien que l'éclairage fût supérieur à celui que fournissent les sulfures phosphorescents au moyen desquels Paul Regnard a pu obtenir le développement de la chlorophylle. Du reste, on sait que ce sont les rayons dont les vibrations sont peu rapides qui favorisent le plus le développement de la chlorophylle, or, ces rayons font presque complétement défaut dans le spectre de la lumière de ce Pyrophore.

Malgré la páuvreté, en rayons lumineux très-réfrangibles et en rayons chimiques, du spectre de la lumière de cet Insecte, on peut déterminer parfois des phénomènes de fluorescence. Ces phénomènes se manifestent d'une manière très-nette, mais avec peu d'intensité, dans les dissolutions d'éosine, de fluorescéine et d'azotate d'urane; le résultat est négatif avec les dissolutions d'esculine et de sulfate de quinine.

On sait que différentes substances, certains sulfures calcaires, par exemple, deviennent lumineux dans l'obscurité, après avoir été impressionnés par la lumière du jour. Quinze individus de ce Pyrophore, bien lumineux, furent enfermés, à l'entrée de la nuit, dans une boîte dont les parois étaient formées par des plaques très-sensibles au sulfure de calcium. L'intérieur de la boîte était assez éclairé pour que, dans l'obscurité, les objets extérieurs fussent aussi bien vus qu'avec une veilleuse, grâce à la lumière qui traversait les parois de verre enduites du sulfure en question. Au bout de deux heures, aucun phénomène de phosphorescence ne s'était produit sur ces plaques, qui donnaient, après quelques secondes d'exposition à la lumière du jour, une belle lueur violette. D'autres échantillons de sulfures calcaires préparés de façon à émettre, après une exposition à la lumière solaire, des rayons rouge-orangé, verts, bleus, etc., ne produisirent, sous l'action de la lumière de ce Pyrophore, aucun phénomène de phosphorescence.

La quantité de chaleur rayonnée par les organes photogènes de cet Insecte est infinitésimale.

Par l'application des instruments les plus sensibles, on ne trouve pas d'indices permettant de supposer qu'une partie de l'énergie dépensée dans les organes photogènes de ce Pyrophore est transformée en électricité.

En résumé, les importantes recherches de Raphaël Dubois ont bien démontré que pour ainsi dire toute l'énergie extériorée par les organes photogènes du Pyrophore noctiluque est convertie en lumière.

Je termine ici le chapitre XIII. Malgré sa longueur, les faits qu'il contient, par suite de leur multiplicité, n'y sont décrits que d'une façon superficielle, et, de plus, un grand nombre d'autres faits n'y sont pas indiqués. Les dimensions forcément exiguës de cet ouvrage sont la cause de cette insuffisance de détails et de ces lacunes.

CHAPITRE XIV

PHILOSOPHIE NATURELLE

Lorsqu'un savant traite un vaste sujet appartenant aux sciences biologiques, il est utile, selon
moi, qu'il consacre à l'étude de la philosophie
naturelle de son sujet un chapitre où il devra
rechercher les causes et l'origine des grands faits
du sujet en question. Cette étude, à laquelle
diverses considérations font donner une étendue
plus ou moins grande, doit être d'autant moins
négligée qu'outre sa très-grande importance, elle
intéresse à la fois, et vivement, les spécialistes
et le grand public.

Voici les questions auxquelles je vais essayer
de répondre dans ce chapitre :

I. — Quelle est l'origine du pouvoir photogénique des êtres vivants actuels?

II. — Quelles sont les causes de ces deux faits
actuels : 1° que le nombre des espèces animales
photogènes est fort peu élevé, relativement au
nombre des espèces animales aphotogènes, et
que la différence entre le nombre des espèces
végétales photogènes et celui des espèces végétales aphotogènes est infiniment plus grande encore ; et 2° que le nombre des espèces animales

photogènes marines dépasse de beaucoup celui des espèces animales photogènes terrestres ?

III. — Quelles sont les causes de ce fait actuel que certains genres animaux et végétaux contiennent à la fois des espèces photogènes et des espèces aphotogènes ?

IV. — Enfin, quelles sont les causes de ce fait actuel qu'il existe une série de gradations dans le perfectionnement des parties photogènes chez un même groupe systématique d'espèces animales ?

I

Quelle est l'origine du pouvoir photogénique des êtres vivants actuels ?

D'après le transformisme biologique, doctrine dont la proposition fondamentale, pour ainsi dire évidente aujourd'hui, est que toutes les espèces animales et végétales, éteintes et actuelles, sont le résultat de l'évolution, pendant des temps d'une longueur immense et par la seule action des forces mécaniques de la nature, d'organismes primordiaux qui devaient être constitués uniquement par une substance n'ayant aucune trace de différenciation; d'après cette doctrine, nous pouvons logiquement supposer que la substance qui constituait les organismes primordiaux devait être plus ou moins semblable à la substance qui constitue fondamentalement tous les êtres vivants actuels, c'est-à-dire au protoplasma.

D'autre part, nous savons, et cela d'une façon positive, que la lumière produite par certaines espèces animales actuelles très-différentes est le résultat d'un phénomène exclusivement physico-chimique ayant lieu dans le protoplasma, et l'induction permet de supposer qu'il en est de même chez tous les êtres vivants photogènes de notre époque.

De ce double fait : 1° que toutes les espèces animales et végétales, éteintes et actuelles, proviennent presque certainement d'organismes primordiaux qui devaient être composés d'une substance plus ou moins semblable au protoplasma de tous les êtres vivants actuels, et 2° que le phénomène photogénique doit être, chez tous les êtres vivants photogènes actuels, un phénomène exclusivement physico-chimique ayant lieu dans le protoplasma, nous pouvons en déduire cette hypothèse, parfaitement légitime, que les organismes primordiaux avaient la faculté de produire de la lumière, — car il est illogique de supposer que le phénomène photogénique ne s'est manifesté qu'à un certain moment de l'évolution du règne animal et du règne végétal, — et que cette faculté s'est transmise par hérédité d'une manière continue, dans l'immense évolution des êtres vivants, jusqu'aux espèces animales et végétales photogènes de notre époque.

La supposition que la faculté photogénique s'est transmise par hérédité d'une manière continue, depuis les organismes primordiaux, c'est-à-dire depuis la naissance de la vie chez notre planète, jusqu'au monde organique actuel, trouve une puissante confirmation dans cette loi capitale de la biologie, à savoir que l'évolution embryonnaire de l'individu, appelée ontogénie, est la répétition abrégée, rapide et plus ou moins altérée, selon que la variabilité ou l'hérédité l'emporte l'une sur l'autre, de l'évolution paléontologique, appelée phylogénie, du groupe auquel appartient cet individu.

En effet, on sait que le protoplasma de l'œuf du Lampyre noctiluque possède le pouvoir photogénique avant même que la segmentation soit commencée, que ce pouvoir existe d'une manière continue pendant le développement de la larve dans l'œuf, cette larve ayant deux organes photogènes au moment de l'éclosion, et que la nymphe et les deux sexes de cet Insecte jouissent aussi du pouvoir de produire de la lumière ; on sait également que les deux sortes d'embryons du Pyrosome géant possèdent, comme

les colonies de ce Tunicier, le pouvoir photogénique; etc. Ces faits doivent être essentiellement généraux, et il est pour ainsi dire certain
que la plupart des animaux et des végétaux
qui, à l'état parfait, produisent de la lumière,
en produisent aussi aux différents états antérieurs
de leur développement, et que le protoplasma de
leurs œufs et de leurs spores est photogène avant
même que la segmentation et la germination
soit commencée.

En résumé, on peut logiquement supposer que
le pouvoir photogénique existait déjà chez les
organismes primordiaux, et que ce pouvoir s'est
transmis par hérédité d'une manière continue,
dans l'immense évolution du monde organique,
jusqu'aux animaux et aux végétaux photogènes
de notre époque.

Quant à la cause originelle du phénomène photogénique chez les êtres vivants où il s'est produit pour la première fois, nous ne pourrons
jamais faire à son égard que des hypothèses. S'il
est très-rationnel de supposer que chez tous les
êtres vivants photogènes actuels, ce phénomène se
réduit, en dernière analyse, à des mouvements
ayant lieu entre les parties constitutives des molécules de deux corps différents, il est également
très-rationnel de supposer que la cause originelle

du phénomène photogénique chez les êtres vivants où ce phénomène a eu lieu pour la première fois était aussi une cause exclusivement mécanique.

II

Quelles sont les causes de ces deux faits actuels : 1° que le nombre des espèces animales photogènes est fort peu élevé, relativement au nombre des espèces animales aphotogènes, et que la différence entre le nombre des espèces végétales photogènes et celui des espèces végétales aphotogènes est infiniment plus grande encore ; et 2° que le nombre des espèces animales photogènes marines dépasse de beaucoup celui des espèces animales photogènes terrestres ?

Le fait qu'à l'époque actuelle le nombre des espèces animales productrices de lumière est fort peu élevé, relativement au nombre des espèces animales aphotogènes, peut s'expliquer très-facilement par le combat incessant que les animaux doivent soutenir pour la conservation de leur existence personnelle, et, par suite, pour la conservation de leur espèce. Evidemment, vaincront dans cette lutte sans trève ceux qui auront sur leurs rivaux un ou plusieurs avantages, et comme le pouvoir photogénique possède à la fois, pour l'animal qui en est doué, un côté utile et un côté nocif[1], on comprend aisément que le rapport entre l'utilité et la nocivité du pouvoir photogénique, rapport essentiellement variable suivant le milieu où vit l'animal, son genre de nourriture, ses mœurs, etc., déterminera la conservation ou l'extinction de la faculté photogénique chez les espèces animales.

Si, en effet, le pouvoir photogénique est plus nocif qu'utile pour telle espèce animale, ce sont

1. Voici ces avantages pour les animaux :

1° Éclairage par eux du milieu environnant, qui leur permet de rechercher leur nourriture, de se mettre en rapport avec les autres individus de leur espèce, de voir leurs ennemis et les autres dangers, etc.

2° Moyen d'appât attirant d'autres animaux qui servent à leur nourriture.

3° Moyen de protection, par l'effroi qu'inspire la lumière à des ennemis et par la suppression d'erreurs de la part d'animaux qui, pour une raison ou pour une autre, ne veulent pas manger les individus de telle ou telle espèce animale photogène et qui, par confusion, pourraient les saisir, s'ils n'émettaient de la lumière, grâce à laquelle ils sont distingués très-nettement des animaux aphotogènes avec lesquels, autrement, ils auraient pu être confondus.

4° Moyen d'appel dans la recherche des sexes pour l'accouplement.

Quant aux désavantages, je ne vois que celui d'indiquer, par la lumière, leur présence à leurs ennemis.

évidemment les individus de cette espèce ayant, par variation accidentelle, un pouvoir photogénique moindre que les autres individus, qui auront le plus de chances de remporter la victoire dans l'incessant combat pour la vie, et, par conséquent, de se reproduire avec des individus ayant eux aussi un pouvoir photogénique plus faible; et comme ce seront toujours, dans les générations successives de cette espèce, les individus dont le pouvoir photogénique est le moins développé qui auront le plus de chances de vivre et de se reproduire entre eux, on comprend très-bien que la faculté photogénique s'atténuera de plus en plus, dans les générations successives de cette espèce, jusqu'à sa complète extinction. Tel est le mécanisme qui détermine l'extinction graduelle du pouvoir photogénique chez les espèces animales. Un raisonnement opposé nous fournirait l'explication du perfectionnement graduel de ce pouvoir dans le monde des animaux.

En outre, il est fort possible que, par variation accidentelle, des individus provenant d'une espèce animale photogène aient possédé une atrophie plus ou moins grande des parties productrices de lumière, ou même aient été complétement dépourvus de ces parties, et que, par hérédité, cette atrophie se soit transmise et augmentée, de génération en génération, jusqu'à la complète extinction du pouvoir photogénique, donnant ainsi naissance à une espèce aphotogène; un fait semblable ayant pu avoir lieu pour les variations accidentelles consistant en une absence complète des parties productrices de lumière.

Donc, on peut dire que si le nombre des espèces animales photogènes actuelles est fort peu élevé, relativement au nombre des espèces animales aphotogènes vivant aujourd'hui, c'est parce que la faculté photogénique a dû s'atténuer de plus en plus, jusqu'à son entière extinction, chez les ancêtres plus ou moins lointains des espèces animales actuellement aphotogènes, ancêtres chez lesquels cette faculté devait être plus nocive qu'utile pour l'individu dans le combat pour l'existence; et que des espèces actuellement aphotogènes ont pu, par le fait de variations accidentelles, provenir d'espèces photogènes.

Ajoutons qu'il est fort possible que chez certaines espèces animales actuelles, le pouvoir photogénique soit en voie d'extinction, par suite de sa nocivité plus grande que son utilité pour ces espèces, et que chez d'autres, en raison de son utilité plus grande que sa nocivité, ce pouvoir soit en voie de perfectionnement.

Si l'on voit très-bien comment la lutte pour l'existence peut déterminer l'extinction de la faculté photogénique chez les espèces animales, par contre, cette lutte ne fournit aucune explication relativement à la différence des plus considérables qui existe aujourd'hui entre le nombre des espèces végétales photogenes et celui des espèces végétales aphotogènes. On ne voit pas, en effet, quelles peuvent être, chez les végétaux, l'utilité et la nocivité du pouvoir photogénique, dont le rapport ait pu déterminer chez eux sa conservation ou son extinction. Je suis porté à croire que le pouvoir photogénique ne doit sa conservation, dans les espèces végétales actuelles, qu'à une transmission héréditaire particulièrement puissante, et que, par conséquent, le règne végétal des périodes géologiques antérieures à la nôtre, devait être beaucoup plus riche en espèces photogènes que ce règne ne l'est actuellement. Si la différence actuelle entre le nombre des espèces végétales photogènes et celui des espèces végétales aphotogènes est infiniment plus grande encore que la différence actuelle entre le nombre des espèces animales photogènes et celui des espèces animales aphotogènes, c'est donc, à mon avis, par suite du très-petit nombre des espèces végétales chez lesquelles a pu s'effectuer jusqu'à

aujourd'hui la transmission héréditaire particulièrement puissante du pouvoir photogénique à
laquelle j'ai recours pour mon explication hypo-
thétique du fait en question.

Il me reste à dire, dans ce paragraphe ii,
pourquoi le nombre des espèces animales photogènes marines dépasse de beaucoup celui des
espèces animales photogènes terrestres.

Selon moi, ce fait tient : 1° à ce que le pouvoir
photogénique étant plus utile que nocif pour
un grand nombre d'espèces animales photogènes
marines, s'est transmis par hérédité, dans l'évolution du monde animal, jusque chez les espèces
photogènes marines actuelles; et 2° à ce que les
mœurs diurnes étant, pour la plupart des espèces
animales terrestres, plus avantageuses que les
mœurs nocturnes, il en est résulté que dans
l'évolution du monde animal, la plupart des
espèces terrestres se sont adaptées à la vie diurne,
adaptation qui a dû causer l'extinction du pouvoir photogénique chez toutes celles qui en étaient
douées, ce pouvoir devenant alors plus nocif
qu'utile pour ces dernières.

III

Quelles sont les causes de ce fait actuel que certains genres animaux et végétaux contiennent à la fois des espèces photogènes et des espèces aphotogènes ?

La présence actuelle d'espèces photogènes et aphotogènes dans un même genre d'animaux doit être due à ce que ces dernières, qui, selon moi, descendent très-probablement d'espèces photogènes, ont dû perdre la faculté de produire de la lumière : 1° d'une manière graduelle, de génération en génération, par suite de modifications avantageuses qui ont pu se produire dans leur genre de vie, et d'où il pouvait résulter que la faculté en question, étant alors plus nocive qu'utile pour ces espèces, s'est atténuée peu à peu, de génération en génération, jusqu'à son extinction complète, le mécanisme qui déterminait cette extinction graduelle étant celui que j'ai indiqué tout à l'heure ; et 2° en un nombre plus ou moins restreint de générations, peut-être même parfois en une seule, par suite de variations accidentelles qui purent se produire chez des individus appartenant à des espèces photogènes, variations consistant en une atrophie plus ou moins grande des parties photogènes, peut-être même parfois en une absence totale, et se transmettant héréditairement; l'atrophie augmentant de plus en plus, de manière à déterminer, en un nombre plus ou moins restreint de générations, l'extinction complète du pouvoir photogénique chez ces dernières variations; les unes et les autres ayant pu résister dans le combat pour l'existence, malgré la diminution ou l'absence du pouvoir en question.

Comme je le disais précédemment, les espèces animales aphotogènes qui appartiennent à des genres contenant des espèces productrices de lumière, descendent très-probablement, selon moi, d'espèces photogènes. L'examen anatomique de certaines de ces espèces aphotogènes, aux différentes phases de leur développement, pourrait peut-être résoudre cette question d'une manière définitive, par la découverte de vestiges d'organes photogènes ou de leurs parties accessoires. J'appelle sur ce point l'attention des anatomistes.

Quant à la présence actuelle d'espèces photogènes et d'espèces aphotogènes dans un même genre de végétaux, je ne puis l'expliquer que par une transmission héréditaire particulièrement puissante du pouvoir photogénique, qui a conservé jusqu'alors ce pouvoir chez les premières;

les dernières descendant très-probablement, selon moi, d'espèces photogènes.

IV

Enfin, quelles sont les causes de ce fait actuel qu'il existe une série de gradations dans le perfectionnement des parties photogènes chez un même groupe systématique d'espèces animales ?

Il est évident que les animaux soutiennent d'autant mieux le combat sans trêve pour l'existence que leurs organes sont mieux adaptés aux milieux dans lesquels ils vivent. Or, comme un perfectionnement quelconque des parties photogènes peut, pour l'animal, être plus ou moins utile ou plus ou moins nocif, il en résulte que l'existence d'une série de gradations dans le perfectionnement des parties photogènes, chez un même groupe systématique d'espèces animales, a dû avoir pour cause le rapport si variable entre l'utilité et la nocivité du perfectionnement de ces parties chez les espèces du groupe en question.

Prenons, par exemple, pour explication de ce fait, les Poissons qui produisent de la lumière. On comprend très-facilement que chez les Poissons photogènes ayant pour ennemis des animaux plus forts qu'eux ou mieux armés pour la lutte, si la production d'un mucus émettant à l'extérieur une lumière faible est avantageuse pour leur vie dans les endroits plus ou moins obscurs des mers, par contre, des organes photogènes perfectionnés, émettant une lumière intense, auraient pour eux un désavantage, car cette lumière indiquerait leur présence d'une manière très-nette à leurs ennemis.

Il va de soi que si certaines espèces de Poissons résistent mieux dans la lutte pour l'existence en n'émettant qu'une lumière faible, par contre, d'autres espèces ont des avantages, dans cette lutte, à émettre une lumière intense produite dans des organes photogènes perfectionnés.

Nous voyons ainsi comment la lutte pour la vie a pu déterminer la série des gradations qui existe dans le perfectionnement des organes photogènes des Poissons.

Un même raisonnement général est parfaitement applicable à d'autres groupes zoologiques, même beaucoup moins étendus que celui des Poissons, et montrerait que la série des gradations dans le perfectionnement des parties photogènes, chez les espèces animales appartenant à un même groupe systématique, est uniquement due à l'adaptation de l'individu au milieu dans lequel il vit, adaptation qui s'est effectuée de manières extrêmement différentes, et qui est pour lui une question de vie ou de mort.

J'ajouterai que tous les faits dont je viens de parler se sont produits sous l'action exclusive de forces inconscientes, de forces mécaniques.

Dans ce chapitre, j'ai seulement effleuré les questions que j'ai traitées; les dimensions forcément exiguës de cet ouvrage m'ayant empêché de donner des éclaircissements et des développements qui eussent été cependant très-utiles pour justifier mes hypothèses; de plus, j'ai laissé complétement de côté nombre de faits très-intéressants. Quoi qu'il en soit, j'espère que ces pages donneront à des intelligences méditatives le désir de creuser ces questions. Plus elles les creuseront, plus elles se persuaderont que la luminosité des animaux et des végétaux est exclusivement causée, comme le sont d'ailleurs la totalité des phénomènes de la nature, par des forces mécaniques.

Sans doute les personnes qui méditent sur cette très-grande diversité des êtres vivants producteurs de lumière et sur leur adaptation parfaite aux milieux si différents dans lesquels ils vivent, mais qui n'ont pas des connaissances

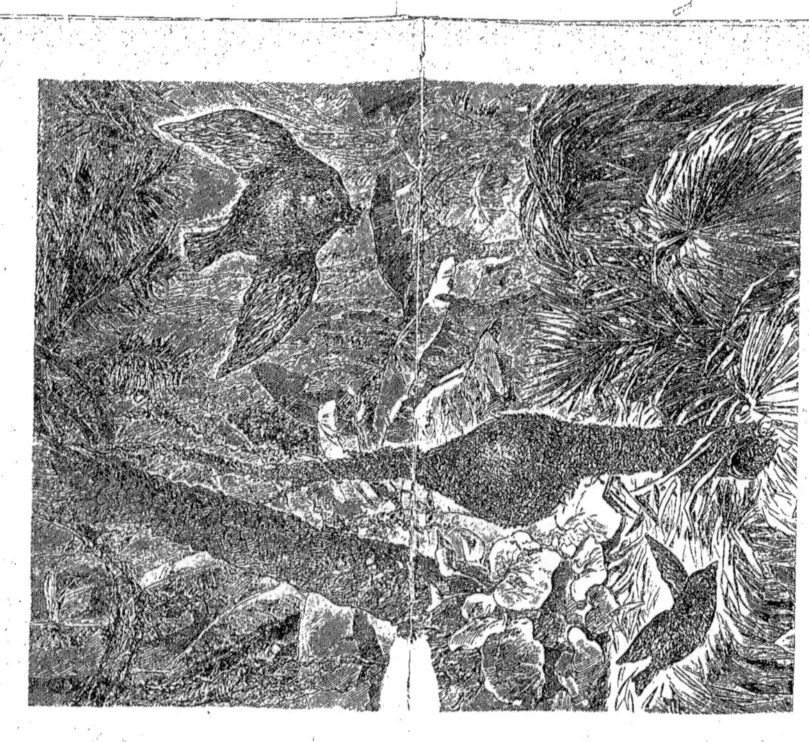

Fig. 40. — Tisserin baya et son nid.

scientifiques suffisantes pour comprendre que la luminosité animale et végétale est un phénomène exclusivement physico-chimique, sans doute ces personnes éprouvent, en cette occasion, un sentiment d'admiration pour un Créateur indéfinissable. Mais si, d'une façon quelque peu approfondie, elles étudient les sciences physiques, chimiques et biologiques, elles verront peu à peu, par suite de leurs études et de leurs réflexions, que ces sciences donnent une explication plus ou moins satisfaisante des phénomènes du monde animal et du monde végétal, et qu'il n'est nul besoin, en nulle circonstance, de recourir à cette hypothèse antiscientifique qu'on appelle Dieu.

CHAPITRE XV

USAGES DE LA LUMIÈRE EMISE PAR LES ÊTRES VIVANTS

En dehors de l'usage que les animaux photogènes font de la lumière qu'ils produisent, pour chercher leur nourriture, attirer des proies, se reconnaître entre eux, voir les dangers, inspirer de la crainte à des ennemis, etc., et en dehors de l'usage que les animaux aphotogènes et photogènes font de l'éclairage des milieux par les êtres vivants producteurs de lumière, nous ne savons que très-peu de choses à l'égard des autres usages que les animaux font de la lumière biologique. Sur ce dernier point, je ne connais que deux espèces animales faisant usage de la lumière en question : le Tisserin baya et l'Homme.

Le Tisserin baya (*Ploceus baya* Blyth), représenté avec son nid dans la figure 49, est un Oiseau à peu près de la taille du Moineau domestique, qui habite l'Inde, l'Indo-Chine et la Malaisie.

Lorsqu'ils ont terminé leur nid, le mâle et la femelle y portent des morceaux d'argile qui ont intrigué les observateurs. D'après les indigènes, le Tisserin baya enchâsse, dans ces morceaux d'argile, des Lampyrinés photogènes destinés à éclairer le nid. Layard pense qu'ils y aiguisent leur bec. Burgess croit que ces morceaux d'argile servent à consolider le nid. Après avoir examiné beaucoup de nids de cette espèce, et d'après la place où sont les morceaux d'argile, Jerdon pense qu'ils ne peuvent servir qu'à maintenir l'équilibre du nid, à en faire moins le jouet du vent. Dans un nid de Tisserin baya, cet observateur recueillit environ 85 grammes d'argile placée à six endroits différents. On a supposé que les morceaux d'argile se trouvent seulement dans les nids imparfaits, et que ces derniers sont construits par le mâle pour son usage particulier. Les observations de Jerdon ne s'accordent nullement avec cette supposition, et cet auteur croit que les nids imparfaits sont des nids abandonnés pour une cause ou pour une autre. Ajoutons que Raphaël Dubois a constaté la présence de fragments d'argile accolés aux parois d'un nid complétement achevé de Tisserin baya, qui fut rapporté de Rangoon par le capitaine Briant.

II.-A. Severn, qui tenait le fait de source certaine, dit que l'Oiseau-bouteille indien, nom vulgaire que le Tisserin baya doit à la forme de son nid, le protège pendant la nuit en fixant sur des morceaux d'argile placés autour de l'entrée plusieurs Lampyrinés producteurs de lumière. Ce renseignement concorde parfaitement avec ce que le capitaine Briant transmit à Raphaël Dubois, et ce dernier pense qu'il ne faut pas chercher d'autre explication à la présence de boulettes d'argile dans le nid du Tisserin baya.

Tout, dans l'architecture de ces nids, dit Raphaël Dubois, montre que les efforts de l'Oiseau tendent vers le même but : la préservation du foyer domestique contre les attaques des ennemis du dehors. Parmi ces derniers, les plus dangereux pour la jeune couvée sont les Serpents ; aussi, dit-il, je suis tenté de croire que ces fanaux vivants, placés à l'entrée du nid, sont destinés bien plutôt à éloigner les Reptiles qu'à servir d'éclairage à l'Oiseau et à sa jeune famille, car les parois du nid sont faites de telle sorte que l'air et la lumière peuvent pénétrer en abondance au travers des mailles serrées de son tissu solide.

J'ajouterai que si les Serpents sont les plus dangereux ennemis de la jeune couvée, les Rats doivent être aussi des ennemis redoutables. On sait, en effet, que le Tisserin baya suspend aussi son nid aux habitations ; or, dans les lieux habités des pays où vit cet Oiseau, les Rats sont communs, et personne n'ignore que ces Rongeurs sont friands d'œufs et de jeunes Oiseaux. D'autre part, H.-A. Severn a rapporté qu'un de ses amis observa, dans l'Inde, que la lumière d'un Lampyriné qui s'arrêta tout près de trois Rats se trouvant sur une poutre du toit de son habitation, les fit immédiatement s'enfuir au plus vite. Nous voyons donc que les Lampyrinés photogènes fixés sur les morceaux d'argile à l'entrée du nid du Tisserin baya peuvent préserver aussi ses œufs et ses petits de la voracité des Rats.

Avec les Reptiles, les Rats et autres Rongeurs, il y a peut-être encore d'autres animaux qui pénétreraient dans le nid de cet Oiseau, animés d'une très-mauvaise intention, sans la lumière de ces Lampyrinés.

Sans doute, les Insectes fixés par le Tisserin baya dans des morceaux d'argile, peuvent y vivre pendant un certain temps ; par suite, ces Oiseaux ne doivent pas avoir besoin de remplacer souvent leurs immobiles protecteurs.

J'arrive maintenant aux usages que l'espèce humaine a fait des êtres vivants photogènes.

Certains animaux producteurs de lumière lui ont servi d'éclairage, de signaux, d'appâts pour la pêche, d'objets d'ornement et de plaisanterie, d'objets destinés à éloigner des animaux nocifs, et de sources de lumière pour obtenir des clichés photographiques. En outre, on a proposé d'utiliser certains animaux photogènes marins pour concourir à déterminer l'endroit des mers où l'on se trouve; et comme pronostic du temps, spécialement comme signe précurseur des orages.

Relativement à l'usage des animaux photogènes comme éclairage et comme signaux, je copie dans l'ouvrage de Raphaël Dubois sur *Les Élatérides lumineux* les passages suivants, extraits par cet éminent biologiste d'un ouvrage d'un voyageur du XVI° siècle : de Oviedo y Valdes. Ces passages concernent un Insecte Coléoptère du genre Pyrophore, désigné sous le nom de *Cocujo :*

« On a l'habitude, raconte de Oviedo y Valdes, d'enfermer ces *Cocujos* dans des cages et de les conserver pour travailler dans les maisons ou pour souper, pendant la nuit, en se servant de leur lumière sans qu'il soit nécessaire d'en avoir une autre. Quelques Chrétiens agissaient de même, afin d'épargner l'argent qu'il aurait fallu pour acheter de l'huile pour alimenter leurs lampes, soit parce qu'elle était très-chère, soit parce qu'il n'y en avait pas.

« Enfermé dans une chambre obscure, un *Cocujo* est assez lumineux pour que l'on puisse lire et écrire une lettre.

« Si l'on rassemble quatre ou cinq de ces *Cocu-*

jos et qu'on les suspende en les enfilant, ils peuvent servir autant qu'une puissante lanterne, dans la campagne et dans la montagne, pendant une nuit obscure.

« Lorsqu'on était en guerre à Haïti et dans les autres îles, les Chrétiens et les Indiens se servaient de ces feux pour ne pas se perdre les uns les autres; les Indiens, en particulier, fort habiles à prendre ces animaux, s'en faisaient des colliers quand ils voulaient se faire voir à une lieue de distance et plus loin encore.

« Quand les chefs de guerre font des marches de nuit dans cette île (Haïti), l'officier, le capitaine ou le guide, qui va devant en sondant l'obscurité, porte sur la tête un *Cocujo* et sert de phare à toute la troupe qui le suit. »

A l'égard de l'usage des animaux photogènes comme appâts pour la pêche, je dirai que les pêcheurs se servent parfois, pour attirer les Poissons dans leurs filets, d'un ou de plusieurs Lampyrinés placés dans un objet en verre; mais ce moyen est prohibé, par suite de sa trop grande efficacité. D'après Moufet, les Indiens du Nouveau-Monde utilisaient jadis des Pyrophores pour la pêche, et il est très-probable qu'aujourd'hui encore ils en emploient à cet usage.

Relativement à l'usage des animaux photogènes comme objets d'ornement et de plaisanterie, je citerai les faits suivants :

Les femmes indigènes du Nouveau-Monde utilisent les Pyrophores pour s'en faire des colliers et des pendants d'oreilles. Les dames en placent le soir dans des sachets en tulle léger, disposés avec goût sur leurs jupes ; d'autres, entourés de plumes d'Oiseaux-Mouches et de diamants, sont fixés dans leurs cheveux au moyen d'une longue aiguille qui passe, sans les blesser, entre la tête et le prothorax.

Souvent, par un charmant caprice, raconte Chanut, les dames créoles de La Havane placent des Pyrophores dans les plis de leur blanche robe de mousseline, ou bien elles les fixent dans leurs beaux cheveux noirs. Cette coiffure originale a un éclat magique, s'harmonisant parfaitement avec le genre de beauté de ces pâles et brunes Espagnoles. Une séance de quelques heures dans les cheveux ou dans les plis de la robe d'une dame, fatigue ces Insectes. Cette fatigue se révèle par la diminution de l'intensité ou la cessation passagère de leur luminosité; alors on les secoue, on les excite, pour qu'ils brillent comme auparavant. Au retour de la soirée, les dames prennent un grand soin de ces Insectes, car ils sont extrêmement délicats. Elles les jettent d'abord dans un vase d'eau pour les rafraîchir, puis les mettent dans une petite cage où ils passent la nuit à sucer des morceaux de canne à sucre. Pendant tout le temps qu'ils s'agitent, ils brillent, et alors la cage répand une douce clarté dans la chambre.

En Europe, des dames, pour donner à leur toilette et à leur coiffure un attrait particulier, se sont servies de Lampyrinés photogènes; mais la luminosité de ces Insectes est faible, relativement à celle des Pyrophores.

Les Indiens du Nouveau-Monde, raconte de Oviedo y Valdes, « se frottaient la poitrine avec une pâte qu'ils faisaient avec les *Cocujos*, au moment des fêtes ou quand ils voulaient se divertir en faisant peur à ceux qui ne savaient de quoi il s'agissait : il semblait alors que tout ce qui avait été frotté avec la substance du *Cocujo* était embrasé.

« Pour s'amuser, plaisanter ou effrayer ceux qui sont épouvantés par chaque ombre, on dit, raconte le même auteur, que certains sauvages farceurs étalent sur leur visage, pendant la nuit, la chair des *Cocujos* qu'ils tuent, dans le but de se montrer brusquement à leurs voisins avec un visage enflammé, à la manière des jeunes espiègles qui se font des mâchoires magiques pour effrayer les enfants et les femmes qui tremblent facilement. »

Au point de vue de l'usage des animaux photogènes comme objets destinés à éloigner des animaux nocifs, j'indiquerai les deux faits qui suivent :

D'après Moufet, les Indiens du Nouveau-Monde se servaient jadis de Pyrophores pour débarrasser leurs demeures des Moustiques nocturnes, et très-probablement ils s'en servent encore aujourd'hui. Il paraît bien établi, selon Raphaël Dubois, que la lumière des Pyrophores fait fuir ces animaux, qui profitent de l'obscurité pour attaquer leurs victimes. D'après Michelet, les voyageurs, dans les régions chaudes du Nouveau-Monde, fixent des Pyrophores sur leurs chaussures pour leur montrer le chemin et faire fuir les Serpents.

On a fait usage d'êtres vivants photogènes comme sources de lumière pour obtenir des clichés photographiques. En se servant de la lumière émise par l'organe ventro-abdominal d'un Pyrophore noctiluque, Raphaël Dubois a pu faire d'assez bonnes photographies d'un buste de Claude Bernard.

Enfin, dans la seconde moitié du siècle dernier, l'abbé Dicquemare a proposé d'utiliser certains animaux photogènes marins pour concourir à déterminer l'endroit des mers où l'on se trouve; et, en 1869, C. Decharme, se basant sur des observations personnelles faites sur une espèce marine productrice de lumière, qui devait être la Noctiluque miliaire, a proposé l'utilisation d'animaux photogènes marins comme pronostic du temps, et spécialement comme signe précurseur des orages.

En résumé, la lumière biologique n'a eu pour l'espèce humaine qu'une bien faible utilité. De plus, il n'est pas douteux que la science, qui nous a donné des sources de lumière si variées, qui nous a fourni le moyen de nous orienter sur les mers avec une extrême précision, et de connaître, avec de grandes probabilités, l'arrivée des tempêtes, ne réduise les êtres vivants photogènes à n'être pour l'Homme, dans l'avenir, que de simples objets d'ornement et de curiosité.

CHAPITRE XVI

CONCLUSIONS PRINCIPALES

Il existe des espèces photogènes d'êtres vivants sur la plus grande partie marine et terrestre de notre planète; dans les mers, on en trouve à la surface et aux différentes profondeurs, jusque dans les abysses; par contre, les eaux douces n'en doivent posséder qu'un nombre extrêmement restreint.

Le règne animal contient un grand nombre d'espèces photogènes. Ces espèces appartiennent à tous les embranchements, sauf peut-être à celui des Molluscoïdes. Le nombre des espèces photo-gènes marines dépasse de beaucoup celui des espèces photogènes terrestres.

Le règne végétal ne contient qu'un nombre très-restreint d'espèces photogènes, qui, peut-être, appartiennent exclusivement à l'embranche-ment le plus inférieur : celui des Thallophytes. Le nombre des espèces photogènes terrestres dé-passe un peu celui des espèces photogènes marines.

Le tableau suivant indique les genres animaux et végétaux qui contiennent des espèces produc-trices de lumière.

TABLEAU DES GENRES ANIMAUX ET VÉGÉTAUX CONTENANT DES ESPÈCES PHOTOGÈNES

ANIMAUX

PROTOZOAIRES	Rhizopodes	*Thalassicolla, Collozoum, Sphaerozoum.*
	Infusoires	*Prorocentrum ? , Peridinium ? , Noctiluca, Leptodiscus, Pyrocystis.*
	Éponges	*Reniera ?*
	Anthozoaires	*Funiculina, Pennatula, Pteroides, Veretillum, Stylobelemnon, Umbellularia, Gorgonia, Isis, Mopsea, etc.*
COELENTÉRÉS	Polypoméduses....	*Aglaophenia, Sertularia, Obelia, Tiara, Thaumantias, Cunina, Liriope, Geryonia, Praya, Diphyes, Abyla, Pelagia, Aurelia, Rhizostoma, etc.*
	Cténophores......	*Cydippe, Callianira, Cestus, Bolina, Eucharis, Beroe, etc.*
ÉCHINODERMES	Astéroïdes	*Brisinga, Odinia, Freyella, Ophiotrix, Ophiacantha, Amphiura, etc.*
	Entéropneustes ..	*Balanoglossus ?*
	Plathelminthes...	*Planaires ?*
	Némathelminthes .	*Sagitta.*
VERS	Annélides	*Polynoe, Nereis, Pionosyllis, Odontosyllis, Phyllodoce, Tomopteris, Chaetopterus, Polycirrus, Spirographis, Lumbricus, Enchytraeus, etc.*
	Rotateurs........	*Synchaeta?*

ARTICULÉS	CRUSTACÉS.......	*Sapphirina, Mysis?, Nyctiphanes, Euphausia, Stylocheiron, Gnathophausia, Acanthephyra, Leucifer, Aristeus, Munida, Dorynchus, Geryon,* etc.
	MYRIOPODES......	*Orya, Stigmatogaster, Orphnaeus, Scolioplanes, Geophilus,* etc.
	INSECTES.........	*Lipura, Caenis, Teloganodes?, Fulgora?, Hotinus?, Ceroplatus, Chironomus, Culex, Phengodes, Zarhipis, Photuris, Luciola, Megalophthalmus, Amytheles, Phosphaenus, Lamprohiza, Lampyris, Pelania, Lamprophorus, Aspidosoma, Cratomorphus, Photinus, Lucidota, Lucernula, Cladodes, Lamprocera, Pyrophorus, Photophorus, Physodera?,* etc.

MOLLUSQUES	LAMELLIBRANCHES..	*Pholas.*
	GASTÉROPODES.....	*Phyllirrhoe, Aeolis?, Hyalea, Cleodora, Creseis.*
	CÉPHALOPODES.....	*Cranchia?, Loligo?,* etc.

| MOLLUSCOÏDES | BRYOZOAIRES...... | *Scrupocellaria?, Membranipora?* |

| TUNICIERS | TÉTHYODÉS....... | *Appendicularia, Pyrosoma.* |
| | THALIACÉS........ | *Salpa, Doliolum.* |

| VERTÉBRÉS | POISSONS......... | *Xenodermichthys, Halosaurus, Nannobrachium, Scopelus, Ipnops, Idiacanthus, Malacosteus, Photonectes, Pachystomias, Opostomias, Echiostoma, Stomias, Astronesthes, Anomalops, Photichthys, Polyipnus, Sternoptyx, Argyropelecus, Chauliodus, Gonostoma, Melamphaes, Melanocetus, Linophryne, Aegaeonichthys, Himantolophus, Oneirodes, Ceratias, Chaunax,* etc. |

VÉGÉTAUX

THALLOPHYTES	CHAMPIGNONS......	*Trametes, Polyporus, Lenzites, Agaricus.*
	ALGUES..........	*Beggiatoa?, Bacterium, Bacillus.*
MUSCINÉES	MOUSSES.........	*Schistostega?*

Le pouvoir photogénique n'a pas encore été observé chez tous les genres indiqués dans ce tableau, mais l'induction autorise à dire que tous ces genres, hormis bien entendu ceux qui sont suivis d'un point d'interrogation, renferment des espèces ayant la faculté de produire de la lumière. Il importe d'ajouter qu'il y a des genres animaux et végétaux qui contiennent à la fois des espèces photogènes et des espèces aphotogènes[1].

Les êtres vivants producteurs de lumière vivent, soit plus ou moins isolés, soit réunis en plus ou moins grand nombre, soit réunis en immenses quantités.

Ces second et troisième cas s'observent particulièrement chez les espèces marines, dont un certain nombre produisent l'admirable phénomène de la luminosité de la surface des mers, connu sous le nom de « phosphorescence de la mer ».

La surface des mers présente deux sortes de

---

1. Outre les espèces chez lesquelles le pouvoir photogénique a été observé, soit d'une manière certaine, soit d'une manière douteuse, la science a enregistré des observations de luminosité faites chez des animaux et des végétaux qui, probablement, n'avaient pas produit eux-mêmes cette luminosité.

luminosité : une luminosité plus ou moins étendue, et une luminosité moins ou plus restreinte.

La luminosité plus ou moins étendue de la surface des mers est produite par des animaux très-inférieurs et très-petits, par des Infusoires (*Noctiluca*, *Leptodiscus*, *Pyrocystis*), qui sont réunis en immenses quantités. Il convient d'ajouter que des Rhizopodes (*Thalassicolla*, *Collozoum*, *Sphaerozoum*), animaux également très-inférieurs et très-petits, causent très-probablement aussi un phénomène analogue à celui que produisent les Infusoires en question.

La luminosité moins ou plus restreinte de la surface des mers est produite par des animaux extrêmement différents : Méduses, Cténophores, Crustacés, Gastéropodes, Tuniciers, etc.

Les mers doivent présenter aussi, à leurs différentes profondeurs et jusque dans leurs abysses, les deux sortes de luminosité en question, produites par des animaux extrêmement différents, les uns libres, les autres fixés : Anthozoaires, Polypoméduses, Astéroïdes, Annélides, Crustacés, Mollusques, Poissons, etc.

Les parties photogènes des êtres vivants présentent une très-grande diversité, au point de vue de la structure, de la situation, du nombre, de la forme, etc.

La substance photogène est toujours produite dans des cellules : tantôt les cellules photogènes constituent chacune un animal vivant isolément ou en colonie, ou un végétal pluricellulaire, (*Thalassicolla, Collozoum, Noctiluca, Pyrocystis, Bacterium, Bacillus*, etc.), tantôt ces cellules sont dispersées dans l'animal et le végétal (*Phyllirrhoe, Agaricus*, etc.), tantôt elles forment, chez l'animal, une couche particulière : un épithélium externe ou interne (*Thaumantias, Cunina, Pelagia*, etc.), tantôt elles sont réunies en forme de gaîne autour de canaux du corps de l'animal (*Cydippe, Cestus, Beroe*, etc.), et tantôt elles sont situées, chez l'animal, dans des organes photogènes ayant une structure plus ou moins simple ou moins ou plus complexe (*Pennatula, Polynoe, Chaetopterus, Euphausia, Gnathophausia, Acanthephyra, Geryon, Scolioplanes, Phengodes, Luciola, Lampyris, Pyrophorus, Pholas, Pyrosoma, Scopelus, Ipnops, Malacosteus, Stomias, Melanocetus*, etc.).

On sait aujourd'hui, d'une façon absolument certaine, que la production de la lumière est réductible, chez beaucoup d'animaux faisant partie de groupes extrêmement différents, à un phénomène exclusivement physico-chimique ayant lieu dans le protoplasma, et il doit en être de même chez la totalité des animaux et des végétaux producteurs de lumière.

Le phénomène photogénique doit se réduire en dernière analyse, chez tous les êtres vivants, à des mouvements ayant lieu entre les parties constitutives des molécules de deux corps différents.

La lumière biologique présente une très-grande diversité, au point de vue de la couleur, de l'intensité, etc.

On peut logiquement supposer que le pouvoir photogénique existait déjà chez les organismes primordiaux, et que ce pouvoir s'est transmis par hérédité, d'une manière continue, dans l'immense évolution du monde organique, jusqu'aux animaux et aux végétaux photogènes de notre époque.

Il est très-rationnel de supposer que la cause première du phénomène photogénique, chez les êtres vivants où ce phénomène a eu lieu pour la première fois, était une cause exclusivement mécanique.

Enfin, la lumière biologique sert aux usages suivants :

1° Pour les animaux photogènes : recherche de la nourriture, appât pour attirer des proies, moyen de se reconnaître entre eux, de voir les dangers, d'inspirer de la crainte à des ennemis, etc.

2° Pour les animaux aphotogènes et photogènes : éclairage des milieux.

3° Pour le Tisserin baya : protection de son nid contre des ennemis.

4° Pour l'Homme : éclairage, appât pour la pêche, objet d'ornement, objet destiné à éloigner des animaux nocifs, etc.

TABLE DES FIGURES

Pages.

TABLE DES MATIÈRES

ERRATA

P. 66, l. 3 : lire *couronné* au lieu de *couronne*.

P. 71, l. 3 : lire *fait* au lieu de *ait*.

P. 147, l. 12 : supprimer *d'indi*.

P. 148, l. 1 : supprimer *mière*.

P. 179, l. 4 : lire *devaient* au lieu de *doivent*.

ROUEN. — IMPRIMERIE JULIEN LECERF.

BIBLIOGRAPHIE

La luminosité des animaux et des végétaux a, depuis fort longtemps, attiré l'attention des hommes de science et provoqué un nombre considérable de recherches qui furent décrites dans une très-grande quantité de mémoires et de notes.

Si je voulais établir la liste des travaux concernant la luminosité biologique, de nombreuses pages me seraient nécessaires, et une liste aussi longue serait déplacée dans un simple ouvrage de vulgarisation. Je me bornerai donc à indiquer les cinq travaux suivants, où les personnes désireuses d'approfondir le sujet traité dans ce livre trouveront, à son égard, une bibliographie étendue :

C.-G. EHRENBERG. — *Das Leuchten des Meeres. Neue Beobachtungen nebst Uebersicht der geschichtlichen Entwicklung dieses merkwürdigen Phaenomens*, avec 2 pl., in Abhandlungen der koniglichen Akademie der Wissenschaften zu Berlin, ann. 1834, p. 413.

H. Milne Edwards. — *Leçons sur la Physiologie et l'Anatomie comparée de l'Homme et des Animaux*. T. VIII, Paris, Victor Masson et fils, 1863, p. 93.

Charles-Frederick Holder. — *Living Lights. A popular Account of phosphorescent Animals and Vegetables*, avec 27 pl. London, Sampson Low, Marston, Searle, and Rivington, 1887, p. 179.

Henri Gadeau de Kerville. — *Les Insectes phosphorescents. Notes complémentaires et Bibliographie générale (Anatomie, Physiologie et Biologie)*. Rouen, Julien Lecerf, 1887, p. 35.

Rudolf Dittrich. — *Ueber das Leuchten der Tiere*, in Wissenschaftliche Beilage zum Programm des Realgymnasiums am Zwinger zu Breslau, ann. 1888, Progr. n° 200. — Tir. à part, Breslau; Grass, Barth und Comp. (W. Friedrich), 1888, p. 58.

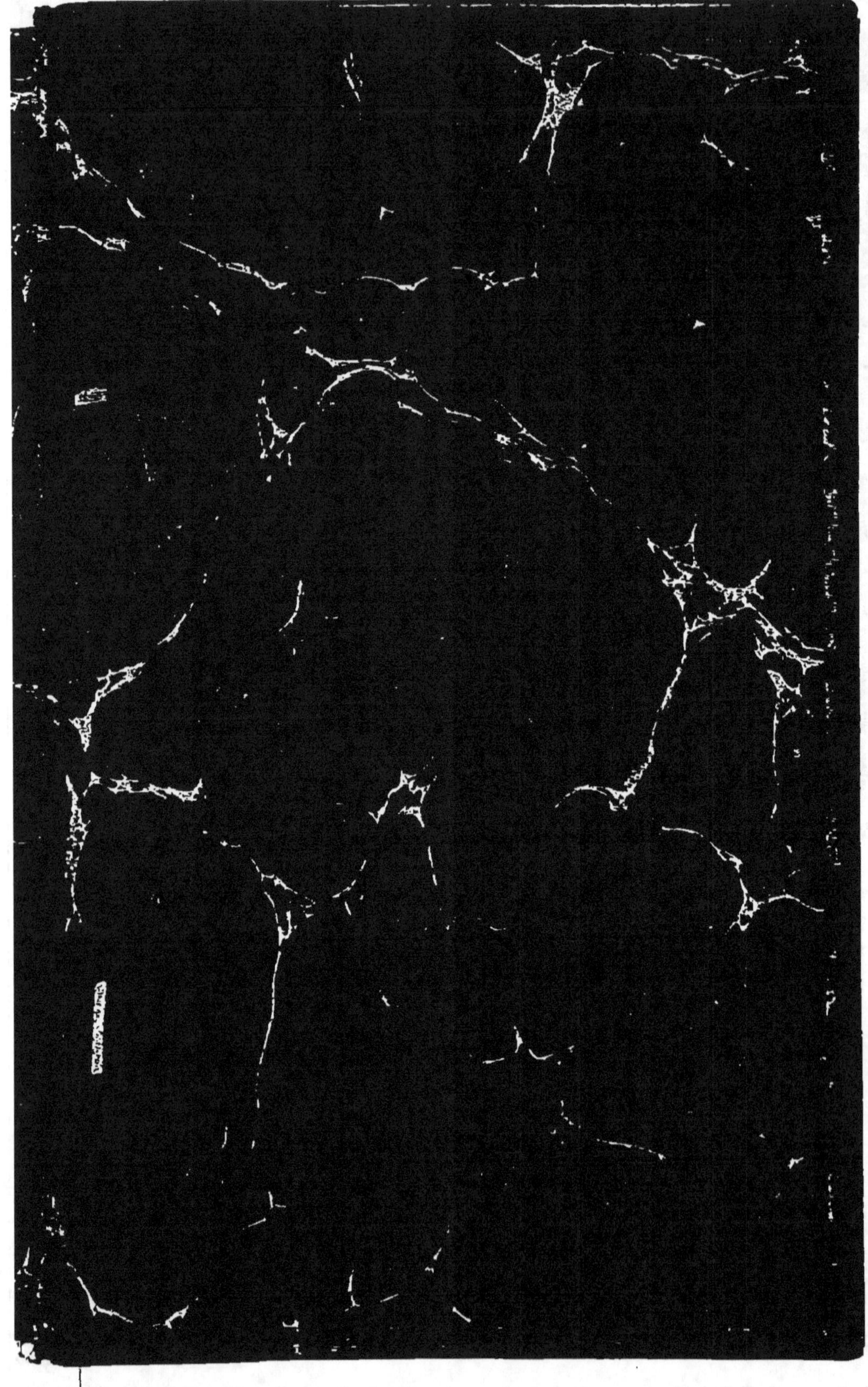

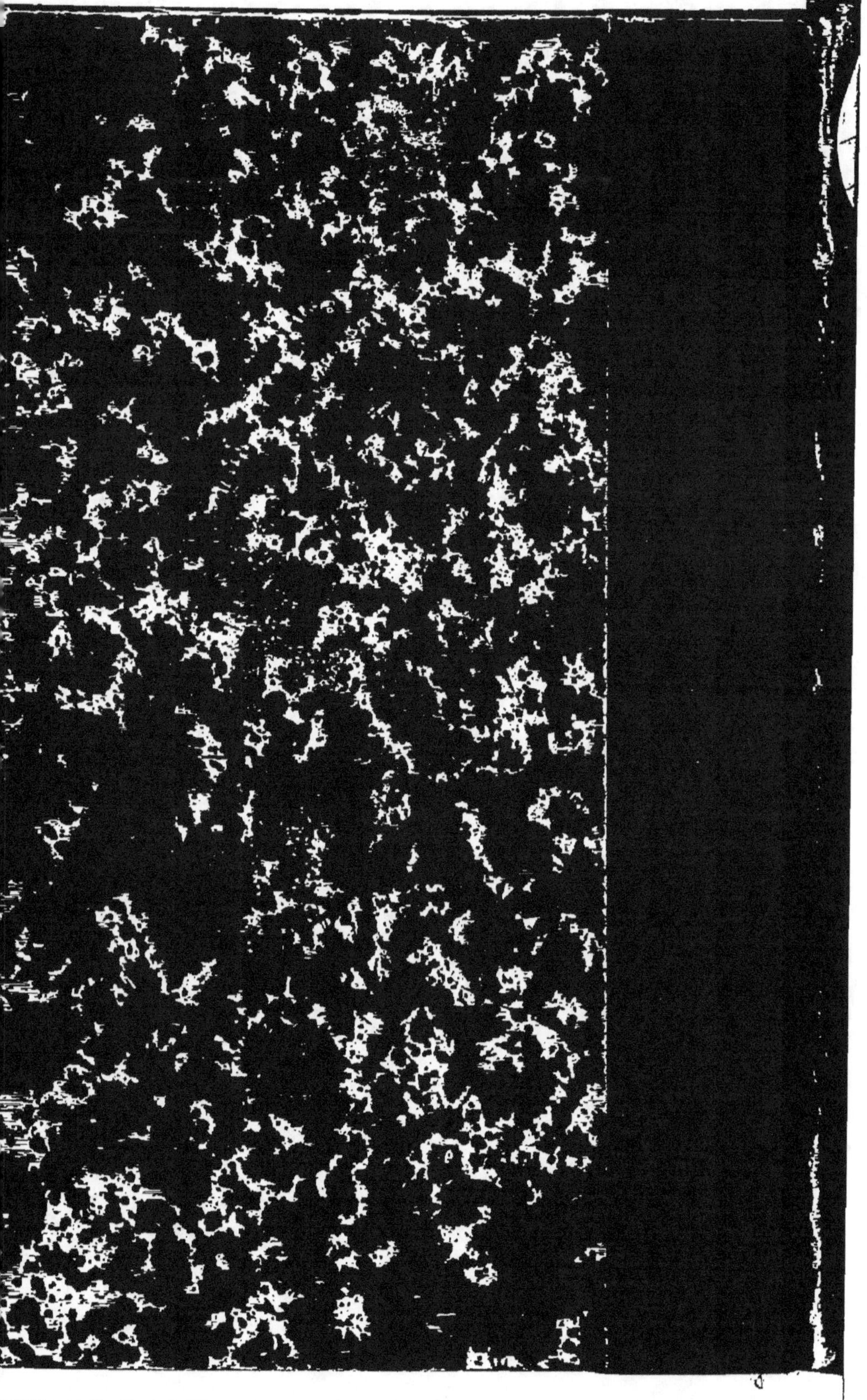